LES
PLANTATIONS DE PINS

DANS LA MARNE

ET LES

Parasites qui les attaquent

Par Ad. BELLEVOYE

Membre de la Société Entomologique de France

et J. LAURENT

Professeur au Lycée et à l'École de médecine de Reims

EXTRAIT

du Bulletin de la Société d'Etude des Sciences Naturelles de Reims

REIMS

TYPOGRAPHIE ET LITHOGRAPHIE DE L'INDÉPENDANT RÉMOIS

40, RUE DE TALLEYRAND, 40

1897

LES
PLANTATIONS DE PINS

DANS LA MARNE

ET LES

Parasites qui les attaquent

Par Ad. BELLEVOYE

Membre de la Société Entomologique de France

et J. LAURENT

Professeur au Lycée et à l'École de médecine de Reims

REIMS

TYPOGRAPHIE ET LITHOGRAPHIE DE L'INDÉPENDANT RÉMOIS

40, RUE DE TALLEYRAND, 40

—

1897

AVANT PROPOS

Il y a deux années, lorsque nous avons entrepris de
présenter à la Société une étude sur tous les insectes
qui vivent sur les Pins en Champagne, nous avions cru
trouver dans les travaux publiés précédemment tous les
éléments de notre travail; en effet Ratzburg a publié à
Berlin, de 1839 à 1852, un grand travail sur les insectes
nuisibles et utiles aux arbres forestiers; cet ouvrage dont
le Gouvernement Prussien a fait les frais de publication
était destiné aux forestiers de l'Etat pour leur donner tous
les renseignements sur les mœurs des insectes à tous
états, et les différents moyens de combattre leurs dégâts.
Cette publication (1), composée de 4 grands volumes, est
accompagnée de nombreuses planches donnant les figures
des insectes à leur état d'œufs, de larves, d'insectes parfaits et les galeries et dégâts sur les arbres d'essences
diverses, soit sous leurs écorces, soit sur leurs feuilles;
c'est certainement l'expression de toutes les connaissances
des mœurs des insectes des forêts à cette époque. Enfin,
comme tout ouvrage pratique doit être mis à la portée de
tous les petits employés forestiers et jardiniers, un abrégé
en a été fait, limité aux principales espèces; c'est cet
abrégé qui a été traduit en français, par le comte de
Corberon, et publié par la maison Roret, en 1847. Depuis,
bien des ouvrages de vulgarisation ont vu le jour en
France, s'inspirant presque tous du grand travail de

____

(1) Die Forstinsecten. Ratzburg. Berlin, 1839.

Ratzburg, tels sont : *Les insectes nuisibles aux forêts et arbres d'avenue,* par le colonel Goureau, paru en 1867, mais sans aucune gravure; *Les ravageurs des forêts,* par H. de la Blanchère; *Les insectes nuisibles,* par E. Montillot, et aussi le *Traité élémentaire d'Entomologie,* par Maurice Girard, comprenant l'Histoire des espèces utiles et des moyens de les détruire, l'étude des métamorphoses, etc., 3 volumes avec atlas de 118 planches. Mais tous ces ouvrages ne remplacent pas celui de Ratzburg et il est regrettable qu'il n'existe pas à la bibliothèque de la ville de Reims, quoiqu'il soit en langue allemande, car il pourrait être consulté avec fruit.

Si, en France, nous ne possédons pas un ouvrage pratique comme celui qui a été publié en Allemagne, nous avons en revanche : l'*Histoire des insectes du Pin maritime,* par Ed. Perris, travail considérable par le nombre d'insectes dont l'auteur fait connaître les premiers états, insectes qu'il a élevés pendant plusieurs années afin de pouvoir dessiner les moindres détails des larves et des nymphes; mais l'auteur s'occupe bien moins des insectes parfaits que de leurs larves, car son travail publié dans les Mémoires de la Société entomologique de France s'adresse surtout à des entomologistes connaissant les espèces dont il parle; il y discute la place que doivent occuper certaines espèces dans la nomenclature d'après l'étude et l'affinité des larves, leurs mœurs, leurs divers organes; enfin il montre le rôle considérable des insectes parasites, soit Coléoptères, soit Diptères, pour combattre la trop grande multiplicité des espèces nuisibles.

Naturellement, nous avons puisé dans le travail de Perris bien des détails sur les larves vivant aux dépens des Pins, détails que nous n'avons pu observer nous-même dans le court espace de temps que nous avons mis pour faire cette étude, et nous tenons à rendre hommage au maître qui nous a servi de modèle et qui a rendu tant de services à la science entomologique par ses nombreuses et belles recherches, sur les premiers états des insectes.

Reims, le 1er Mars 1898.

LES

PLANTATIONS DE PINS DANS LA MARNE

ET LES

Parasites qui les attaquent

INTRODUCTION

Placé sur la bordure orientale du bassin de Paris, le département de la Marne se trouve constitué par trois zones parallèles bien différentes au point de vue de la culture. A l'ouest s'étend le plateau tertiaire dont les flancs portent les riches vignobles de la Champagne; à l'est les dépôts crétacés antérieurs au sénonien forment un pays fertile et boisé dont la limite se trouve exactement définie par la ligne d'affleurement de la craie blanche. La région moyenne est désignée du nom de Champagne pouilleuse; c'est une vaste plaine ondulée où viennent affleurer les zones à *Micraster* et à *Belemnitelles* sur une étendue d'environ 400,000 hectares. Les cours d'eau y sont rares, les villages espacés, le sol stérile en dehors des vallées.

Des maisons construites de carreaux de terre et couvertes de chaume, quelques maigres champs de seigle ou de sarrasin aux abords des villages, puis de vastes étendues de terres incultes en faisaient autrefois l'une des contrées les plus pauvres de la France.

Les efforts faits par les agriculteurs depuis le commen-

cement du siècle ont complètement transformé la
région; des plantations de Pins couvrent tout le pays
impropre à la culture, et non seulement la Champagne
produit actuellement du bois pour le chauffage de ses
habitants, mais elle exporte vers les houillères du Nord
des étais de mines en proportion notable.

Vers la fin du xviie siècle, Jean-Baptiste de Pinteville,
lieutenant au présidial de Châlons, et Mathé, seigneur de
Coolus, tirèrent de la Forêt-Noire nos premiers Pins
sylvestres, et dès 1705 quelques plantations purement
ornementales furent faites par de Pinteville à Nuisement,
Vaugency et Cernon (1).

Un demi-siècle après, l'un de ses descendants créait les
premiers bois véritables et la Société impériale d'agriculture lui décernait une médaille d'or en 1808, pour
avoir, dit le rapport, « fait les premières plantations de
Pins sylvestres dans l'ancienne province de Champagne ».

A partir de cette époque, l'étendue des bois de Pins va
croissant assez rapidement et la première édition de la
carte d'état-major établie en 1834, indique déjà des massifs
étendus aux environs de Châlons-sur-Marne; leur super-
ficie n'est pas inférieure à 3,500 hectares concentrés entre
la Soude, la Somme-Soude et la Marne. Les bords de la
Suippe et les environs de Reims se trouvaient encore
dénudés, ne comptant guère que 500 hectares de pineraies.

La Société d'agriculture, commerce, sciences et arts de
la Marne ne paraît pas être restée étrangère à ces travaux
de reboisement, comme le témoignent diverses communi-
nications faites de 1835 à 1839 par Dagonet et Caquot.
Non seulement on cherche à cette époque à propager le
Pin sylvestre, mais de nombreux essais comparatifs sont

---

(1) De la culture du Pin sylvestre dans le département de la Marne, par
M. le baron de Pinteville-Cernon, propriétaire à Cernon. (Extrait du *Culti-
vateur de la Champagne*, numéro de février 1864.)

entrepris, sans beaucoup de succès d'ailleurs, sur diverses essences de conifères, en particulier sur le Pin maritime, à Brimont et Verzy, sur le Pin Weymouth et l'Épicéa à Mourmelon, le Pin laricio à Bétheny, le Mélèze à Verzy.

L'introduction du Pin noir d'Autriche remonte à 1850; sa résistance aux parasites, la vigueur de sa végétation, le font bientôt substituer au Pin sylvestre dans beaucoup de jeunes plantations.

Dagonet (1) étudie en 1838 les ravages causés par divers insectes et des essais sérieux sont tentés sous la direction du général Tirlet, pour arriver à les détruire.

On discute sur l'espacement à donner aux arbres, mais l'accord ne paraît pas s'établir sur cette question. M. de Pinteville-Cernon (2) préfère planter à 5 mètres. MM. Saint-Denis, de Boult-sur-Suippe, plantent à 4 et 5 mètres avec intercalation de Saules marsault, d'Aulnes et de Bouleaux espacés à 2 mètres. La présence de ces arbres à feuilles caduques enrichit le sol en humus beaucoup plus rapidement que ne pourraient le faire les aiguilles des Pins. Les plantations à 2 mètres seraient adoptées aujourd'hui dans l'Aube, suivant M. de Taillasson (3).

M. des Étangs (4) dans un travail approfondi que tous les propriétaires consulteront avec fruit, étudie avec le plus grand soin le régime d'exploitation convenable aux terres de Champagne et recommande les plantations serrées à 2 mètres et même à 1 mètre.

D'après M. Delbet (5), « le Sapin à 1 mètre s'élance

---

(1) Annales de la Société d'agriculture, commerce, sciences et arts de la Marne 1838.

(2) Loc. cit.

(3) R. de Taillasson : Les plantations résineuses de la Champagne crayeuse de 1878 à 1895. Versailles, 1895.

(4) Louis des Étangs : Étude sur la culture des bois résineux en Champagne. Troyes, 1865.

(5) Delbet : De la plantation des pins sylvestres. Reims, 1855.

» droit et vigoureux, et nul doute qu'à l'âge où un Sapin
» peut faire du bois de service, on ne trouve dans cette
» plantation à l'état serré des chevrons, des pannes, des
» solives, des poutres même avec le temps, tout enfin ce
» qu'il faut pour les constructions ordinaires d'une exploi-
» tation agricole ».

C'est également l'opinion de M. de Carpentier (1) qui
n'hésiterait même pas à planter à 0m50 s'il n'était retenu
par la dépense trop considérable.

Comme le fait remarquer judicieusement M. de Pinteville, il est nécessaire de tenir compte des dépenses de
premier établissement; le Pin sylvestre ne paraît pas
jusqu'alors avoir réalisé les espérances de M. Delbet, et si
le capital engagé dépasse 500 francs par hectare, il devient
presque impossible d'obtenir un produit rémunérateur.

On paraît avoir négligé dans cette discussion deux faits
importants : la qualité du sol qui présente des variations
assez considérables d'un point à un autre de la Champagne, et l'abondance des pluies qui peut faciliter grande-
ment l'introduction des feuillus et la végétation des résineux. C'est ainsi que les succès obtenus par MM. Saint-
Denis sont dus à la fois à leur initiative éclairée et aux
conditions climatériques (2), de sorte qu'il nous semble
impossible de poser une règle précise applicable à tous les
cantons : on plantera plus serré dans un sol plus profond
et mieux arrosé; les arbres devront être plus espacés dans
les régions plus sèches et plus pauvres.

Si les observations de M. Frank (3) sur la nutrition du

----

(1) Ernest de Carpentier : La Champagne pouilleuse. 1885.

(2) La quantité d'eau recueillie annuellement est sensiblement plus grande
à Bourgogne qu'à Sommesous d'après les documents de la Commission
météorologique de la Marne.

(3) Frank : La nutrition du Pin par les champignons des mycorhizes. Trad.
de L. Mangin. (*Revue mycologique*, 1er octobre 1895.)

Pin par les champignons des mycorhizes sont confirmées, la pratique qui consiste à faire suivre les défrichements de quatre à cinq cultures d'avoine et de seigle sans engrais avant une nouvelle plantation serait à abandonner complètement.

D'après Frank, en effet, les radicelles des Pins seraient associées à des filaments mycéliens dans des terres riches en humus. La réalité de ces associations ne fait aucun doute, et nous avons retrouvé à diverses reprises ces mycorhizes sur les racines du Pin sylvestre ou du Pin d'Autriche, en Champagne. Leur rôle seul est contesté: suivant l'auteur cité, les mycorhizes empruntent les combinaisons organiques azotées de l'humus beaucoup plus facilement que ne pourraient le faire les poils radicaux, pour les céder ensuite à l'arbre: elles pourraient même assimiler l'azote libre de l'air, de sorte que les filaments mycéliens seraient indispensables au Pin pour lui permettre d'assimiler l'azote dans un sol où cet élément ferait défaut.

Un tel fait expliquerait peut-être la lenteur de la végétation dans les jeunes plantations jusqu'au moment où les débris des aiguilles ont reconstitué une première couche d'humus à la surface du sol. Les mycorhizes trouveraient dans cet humus le carbone nécessaire à leur développement et assimileraient ensuite l'azote de l'air qui serait utilisé par le Pin.

En 1864, M. de Pinteville-Cernon évaluait la surface des plantations dans la Marne à 40,000 hectares; dès cette époque, les défrichements étaient pratiqués assez activement et une certaine partie du sol rendue à la culture. La dernière édition de la carte d'état-major n'indique guère que 25,000 hectares, mais comme le fait remarquer M. de Carpentier, elle présente un assez grand nombre d'omissions, de sorte que grâce aux plantations nouvelles le chiffre donné en 1864 par M. de Pinteville n'est peut-être guère au-dessus de la vérité (1).

Malgré les succès obtenus avec le Pin d'Autriche, c'est le Pin sylvestre qui prédomine encore aujourd'hui; la raison en est que seul il se propage facilement par semis naturels; il est nécessaire d'avoir recours aux pépinières pour le Pin d'Autriche.

A partir de 1892, les dégâts causés dans l'Aube par la chenille du *Bombyx du Pin* vinrent attirer l'attention sur les pineraies de notre région; l'extension du fléau en 1895 effraya les propriétaires, et si l'année 1896 marque un temps d'arrêt dans la destruction des plantations, il y a toujours lieu de craindre un retour offensif du parasite.

Ces circonstances nous ont engagés à suivre avec attention le développement du *Bombyx;* nous avons été amenés à observer en même temps un grand nombre d'autres ennemis des Pins; de là l'origine du présent travail. Destiné aux propriétaires de la région, il ne contient pas seulement le résultat de nos observations personnelles, mais de nombreux documents que nous avons puisés dans la plupart des travaux qui ont paru sur le sujet. Nous citerons entre autres :

R. de Taillasson : *Les plantations résineuses de la Champagne crayeuse. Invasion de la chenille de Lasiocampa Pini en 1892, 1893, 1894, 1895.*

Léon Dufour et Robert Hickel : *Les ennemis du Pin dans la Champagne crayeuse. (Revue générale de botanique, t. VI, 1894.)*

R. Hickel : *Note sur quelques insectes nuisibles aux Pins, en Champagne. (Feuille des jeunes naturalistes, 1er novembre 1894.)*

---

(1) Le chiffre de 10,000 hectares indiqué par M. Hickel est beaucoup trop faible.

Une première partie sera consacrée à l'étude des Champignons parasites des Pins; dans la seconde seront passés en revue non seulement les insectes nuisibles aux plantations, mais encore ceux qui les attaquent et nous rendent ainsi des services plus ou moins importants. Nous y ajouterons également les espèces qui vivent habituellement sur nos arbres verts sans causer de dommages appréciables.

I. — CHAMPIGNONS

Les plus dangereux appartiennent au groupe des Urédinées; nous aurons également à étudier quelques Basidiomycètes.

URÉDINÉES

Peridermium Pini. Vallr.

Rouille vésiculaire de l'écorce du Pin.

Caractères. — Ce Champignon apparaît dès la fin d'avril ou le commencement de mai, aussi bien sur les branches latérales que sur l'axe principal de la tige. Ses fructifications ou æcidies se montrent de préférence sur les rameaux de 3 à 5 ans où elles soulèvent l'écorce sur toute la périphérie de la branche sur une hauteur de 10 à 20 centimètres; fréquemment elles occupent la tige principale sur l'emplacement d'un verticille. Elles sont plus rares sur les rameaux plus âgés, et on ne les observe jamais sur les pousses de l'année.

Chaque groupe d'æcidies est formé de 60 à 80 bourses à paroi blanche, membraneuse, ayant rompu l'écorce en dehors du liber, et laissant voir par transparence une masse de spores de couleur jaune orangé. Ces bourses ne tardent pas à se déchirer et les spores sont disséminées par le vent.

Au voisinage des æcidies se montrent des taches brunes, arrondies, atteignant 5 à 7 millimètres de diamètre; ce sont des *spermogonies*. Le mycélium produit en ces points des spores en bâtonnet désignées du nom de *spermaties* et qui sont mises en liberté par déchirure de l'écorce.

Au-dessus de la portion attaquée la plupart des feuilles jaunissent dès le mois de juin et ne tardent pas à tomber. Le champignon réapparaît généralement au même point l'année suivante; son mycélium est donc vivace à l'intérieur de la tige; il s'étend chaque année à la fois suivant l'axe et dans le sens de la circonférence, provoquant l'altération des tissus dans lesquels il puise sa nourriture. Les réserves d'amidon disparaissent, se transformant en térébenthine; l'extrémité des branches meurt alors la seconde ou la troisième année. La résine s'écoule de la région attaquée, de sorte que longtemps après la mort de l'arbre, il est facile de reconnaître l'action du parasite à l'écorce crevassée en tous sens et à la résine desséchée qui couvre le tronc.

Dégâts en Champagne. — Cette particularité nous a permis d'étudier avec soin les dégâts causés par le *Peridermium* dans ces dernières années.

Les Pins isolés, comme on en observe fréquemment dans la montagne de Reims ou en d'autres points, sont presque toujours indemnes; au contraire, dans les pineraies de quelque étendue, les arbres attaqués sont nombreux, réunis par groupes de 5 à 6, ou même davantage si la plantation est serrée, ce qui s'observe souvent dans les semis naturels. Dans chaque groupe, les arbres qui occupent le centre sont déjà morts depuis plusieurs années, car leur bois se trouve dans un état de décomposition très avancé; puis à mesure qu'on s'avance vers l'extérieur, on rencontre successivement des arbres morts récemment, puis d'autres fortement atteints qui n'ont pas encore succombé, et enfin des Pins encore vigoureux, mais ayant déjà subi les premières attaques du parasite. Il semble que le mal s'étende lentement à partir du point central qui aurait été le premier infesté. Les Pins sylvestres âgés atteignant 6 à 8 mètres de hauteur sont très rarement atteints, et jamais nous n'avons rencontré de *Peridermium* sur le Pin d'Autriche.

A Châlons-sur-Vesle, sur les sables tertiaires, les dégâts sont à peu près nuls; mais à Fère-Champenoise, sur la craie, on peut évaluer en moyenne à 1 sur 10 le nombre des arbres morts, *comme si une nutrition insuffisante ne permettait pas au végétal de lutter efficacement contre le parasite.* Cette même proportion se retrouve au Mesnil-sur-Oger, à Avize, Bassuet: elle est plus grande à Bassu, Cernay, Chamery, Nuisement-sur-Coole, et dans certaines plantations de La Veuve, Saint-Hilaire, Prunay, Sillery, la perte atteint un cinquième à un quart. Aux environs du Châtelet (1) les dégâts ne sont guère moins considérables, aussi peut-on dire que ce champignon est l'un des plus redoutables ennemis du Pin sylvestre en Champagne.

Développement. — Laissant de côté le *Peridermium* des aiguilles sur lequel nous reviendrons plus loin, on peut affirmer que le mode de développement de la rouille de l'écorce du Pin est encore partiellement inconnu, les faits établis jusqu'alors ne suffisant pas à expliquer la grande extension du parasite en Champagne.

Comme beaucoup d'Urédinées, le *Peridermium Pini* est hétéroïque; non seulement il présente diverses formes

---

(1) Bostel. Compte rendu de l'excursion du Châtelet à Bazancourt, 3 juin 1894. *Bulletin de la Société d'histoire naturelle des Ardennes.* 1re année. 1894.

d'appareils reproducteurs; mais le passage par deux hôtes successifs est nécessaire pour les observer: c'est ce qui résulte des faits suivants :

1° *Peridermium Cornui* (Rostrup et Klebahn). — Ayant recueilli des spores de *Peridermium* sur l'écorce des Pins de la forêt de Saint-Germain, M. Cornu réussit à les faire germer sur des feuilles de Dompte-venin (*Vincetoxicum officinale*). Il obtint ainsi sur la face inférieure de ces feuilles une rouille comme depuis longtemps sous le nom de *Cronartium asclepiadeum* (Willd.).

Il apparaît d'abord de très petites pustules enveloppées d'une paroi transparente; elles déchirent l'épiderme et laissent échapper par l'orifice des *urédospores* de couleur jaune. Plus tard il se développe au même point une colonne atteignant 2 millimètres de longueur sur 5 à 8 centièmes de millimètre de diamètre et dont chaque cellule allongée est une *téleutospore* capable de germer en un court filament de 4 cellules dont chacune porte une *sporidie*.

Par analogie avec ce qu'on connaît des autres Urédinées, il est probable que les urédospores transmettent la maladie sur le Dompte-venin, tandis que les sporidies germeraient sur le Pin; mais le fait n'a pu être vérifié expérimentalement et tous les essais d'infestation du Pin sont restés jusqu'alors infructueux. Néanmoins le *Vincetoxicum* étant abondant dans la forêt de Saint-Germain, il n'est guère douteux que sa présence ne favorise la dissémination du *Peridermium*.

Il n'en est pas de même en Champagne où le Dompte-venin est relativement rare. Brisson (1) ne signale dans la Marne que les stations suivantes : Mont-Aimé; coteaux crayeux de Coolus; Soulanges; Omey (Pins du canal); Montmort; Cernay; Grauves; Sarran; de l'herbier de Levent que nous avons consulté n'en contient que 2 exemplaires provenant de Merfy, et M. G. de Lamarlière le signale à Verzy (2). On peut remarquer que la plupart de ces localités sont situées en dehors de la Champagne pouilleuse, car Coolus, Soulanges et Omey appartiennent à la vallée de la Marne. Dans toutes les pine-

---

(1) Brisson. *Catalogue des plantes phanérogames du département de la Marne*. Châlons-sur-Marne, 1884.

(2) Géneau de Lamarlière. Compte rendu de l'excursion de Verzy. *Bulletin de la Société d'étude des sciences naturelles de Reims*, 1896, 3ᵉ trim., p. 24.

raies que nous avons visitées jusqu'alors, à Fère-Champenoise, Sommesous, Bussy-Lettrée, Bassuet, Bassu, La Veuve, Lépine, Saint-Hilaire, Prunay, Sillery, nous n'avons pas rencontré un seul pied de *Vincetoxicum* et cependant les dégâts causés par le *Peridermium* étaient considérables. Si donc l'hétéroecie du *Peridermium* est nécessaire, il y a lieu de rechercher un autre intermédiaire que le Dompte-venin.

2° *Peridermium Cornui*. — En 1894, M. Géneau de Lamarlière (1) obtint sur les feuilles de la Pivoine officinale les appareils reproducteurs du *Cronartium flaccidum* (A. et Schw.) par l'ensemencement de spores de *Peridermium* provenant des Pins de la forêt de Fontainebleau. Il conclut de ses expériences que les deux *Cronartium* de la Pivoine et du Dompte-venin, qui ne présentent pas de différences morphologiques appréciables, doivent être réunis en une seule espèce sous le nom plus ancien de *Cronartium asclepiadeum*.

3° *Peridermium Strobi* (Klebahn). — Le Pin Weymouth porte une rouille différente de celle du Pin Sylvestre; en 1887, M. Klebahn a établi que les spores de ce Peridermium peuvent germer sur les feuilles de divers Groseilliers, principalement le *Ribes nigrum*, vulgairement Cassis, en donnant le *Cronartium ribicolum* (Dietr). Ce résultat, confirmé par M. Rostrup a été complété en ce sens que des sporidies de *Cronartium ribicolum* ont germé sur le Pin Weymouth donnant naissance aux organes de fructification du *Peridermium*. Le même champignon attaquerait les *Pinus Lambertiana* et *P. Cembro*.

4° Enfin d'après les recherches de MM. Klebahn, Wolff et Magnus (2) les spores du *Peridermium* de l'écorce du Pin sylvestre en se développant sur le Séneçon commun donneraient une nouvelle forme d'Urédinée, *Coleosporium Senecionis* (Pers.) la même qui apparaît sur le Séneçon par l'ensemencement des spores de la rouille des aiguilles; mais pas plus que pour le *Cronartium asclepiadeum* le passage inverse n'a pu être réalisé. Remarquons simplement que le Séneçon est abondant partout et que partout ses feuilles sont attaquées par le *Coleosporium Senecionis*.

Laissant de côté le Pin Weymouth peu abondant en

---

(1) Géneau de Lamarlière. *Association française* Congrès de Caen. 1894, p. 628.

(2) Ed. Prillieux. Maladies des plantes agricoles. Paris. 1895.

Champagne, nous nous trouvons donc en présence de trois plantes sur lesquelles peuvent germer les spores de la rouille de l'écorce du Pin sylvestre : le Dompte-venin, la Pivoine et le Séneçon. Y a-t-il pour cela, comme l'admettent la plupart des mycologues actuels, trois espèces distinctes confondues sous la dénomination de *Peridermium Pini* ? Le fait ne nous paraît pas encore suffisamment établi ; et nous ne serions pas éloigné de croire qu'il y a lieu de réunir en une seule espèce les deux *Cronartium* du Dompte-venin et de la Pivoine ainsi que les *Peridermium* correspondants. Ajoutons enfin qu'aucun des faits connus n'établit la nécessité de l'hétérœcie du *Peridermium Pini*.

Traitement. — Comme on le voit, bien des lacunes existent encore dans l'étude de ce parasite ; aussi est-il difficile de formuler un traitement efficace. Il nous semble inutile cependant de condamner les quelques pieds de Dompte-venin qui existent çà et là en Champagne et de proscrire la Pivoine de tous les jardins. La destruction du Séneçon commun est matériellement impossible à cause de son abondance et de la facilité avec laquelle il dissémine ses graines. D'ailleurs sa disparition pourrait bien ne pas entraver le développement du *Peridermium* car nous verrons plus loin que bien d'autres plantes peuvent être attaquées par le *Coleosporium Senecionis*, ou par des espèces voisines, entre autres le Laiteron potager (*Sonchus oleraceus*), si répandu sur tous les sols et sous tous les climats.

Mais s'il était possible d'établir que l'hétérœcie du *Peridermium* est facultative, tout au moins qu'elle ne devient nécessaire qu'après quelques générations, l'abattage des arbres contaminés se trouverait tout indiqué ; aussi conseillerons-nous aux propriétaires de *sacrifier tous les Pins attaqués*, ces arbres étant destinés à mourir après trois ou quatre années au plus.

Peridermium oblongisporium Fuckel.

Rouille des aiguilles du Pin.

Caractères. — Les feuilles du Pin sylvestre portent fréquemment à la fin d'avril ou dans les premiers jours de mai des vésicules jaunâtres qui présentent la plus grande analogie avec les æcidies du *Peridermium Pini*. Chaque vésicule est enveloppée d'une paroi blanche, transparente, abritant une masse de spores, de couleur orangé. La paroi ne tarde pas à se déchirer, mettant les spores en liberté ; puis la membrane se détache à son tour, et il ne reste plus sur les aiguilles dès le mois de juin qu'une cicatrice jaunâtre sur l'emplacement qu'occupaient les æcidies.

En outre les feuilles portent de nombreuses taches brun rougeâtre correspondant à une autre forme d'appareil reproducteur du champignon ; ce sont des spermogonies. Il en existe de semblables au voisinage des æcidies de la rouille de l'écorce.

Le mal réapparaît l'année suivante sur les mêmes aiguilles ; autrement dit le mycélium est vivace dans les tissus, mais il les altère assez peu pour ne pas causer leur mort ; les feuilles attaquées ne tombent guère que quelques mois avant les feuilles saines.

Dégâts en Champagne. — Nous avons constaté la présence de *Peridermium oblongisporium* à Prunay, le 26 avril dernier ; à Brimont le 14 mai ; à Avize, le Mesnil-sur-Oger, le 25 mai et à Cernay, le 28. Il est probable qu'il existe en bien d'autres points, car nous avons observé un peu partout, à diverses époques de l'année, des taches jaunâtres semblables à celles que laisse ce champignon sur les aiguilles.

A Prunay, l'un des arbres attaqués portait en même temps, mais sur d'autres branches des æcidies incomplètement épanouies de la rouille de l'écorce. A Cernay, au contraire, les deux *Peridermium* également communs étaient répartis sur des arbres différents quoique voisins.

Développement. — En 1872, M. Wolff semant des spores de *Peridermium oblongisporium* sur des feuilles de *Senecio sylvaticus* obtint, au bout de 6 à 8 jours, le *Coleosporium Senecionis* (Pers.). Ce dernier forme à la face inférieure des feuilles du Séneçon des taches de couleur rouille composées chacune d'un amas de spores disposées par files de 3 à 4. Ces *urédospores* peuvent propager le parasite sur le Séneçon et il apparaît plus tard des *téleutospores* germant en un court filament qui porte des *sporidies*. Les essais d'infection du Pin, par ces sporidies, n'avaient pas réussi.

L'expérience de M. Wolff a été reprise avec succès, en 1880, par M. Cornu, sur le Séneçon commun.

Il est donc bien établi qu'il existe entre
Peridermium oblongisporium et *Coleosporium Senecionis*
la même relation qu'entre
Peridermium Cornui et *Cronartium asclepiadeum,*
Peridermium Pini et *Cronartium flaccidum,*
Peridermium Strobi et *Cronartium ribicolum;*
enfin, d'après Klebahn, Wolff et Magnus, entre
Peridermium Pini et *Coleosporium Senecionis.*

D'autre part, on connaît des *Coleosporium* sur d'autres plantes que le Séneçon et l'on pouvait se demander s'ils ne dériveraient pas, eux aussi, du *Peridermium* des aiguilles. M. Fischer (1) en a donné la preuve expérimentale.

Des « sporidies » de *Coleosporium Inulae* (Kze) qui se développe sur *Inula Vaillantii* et *Inula Helenium* furent semées en automne 1892 et 1893 sur de petits pieds de *Pinus silvestris;* au printemps suivant, des spermogonies et des æcidies de *Peridermium* apparurent sur les aiguilles de quelques-uns des pieds infestés.

Les spores contenues dans ces æcidies purent germer sur

____

(1) Bulletin de la Société botanique de France. Session extraordinaire en Suisse, 1894, p. CLXVIII.

Inula Vaillantii et *Inula Helenium* reproduisant le *Coleosporium Inulæ* avec téleutospores, tandis que *Senecio vulgaris, S. silvaticus, S. cordatus, Tussilago farfara, Adenostyles alpina, Campanula Trachelium, C. rapunculoïdes* ensemencés dans les mêmes conditions ne montrèrent pas trace d'infection.

Les mêmes expériences furent faites avec les *Coleosporium* considérés comme formant des espèces distinctes de *Sonchus asper, Senecio sylvaticus, Adenostyles alpina, Petasites officinalis, Tussilago farfara, Campanula Trachelium*, et dans chacun de ces cas, les Pins sylvestres furent infestés, mais les spores provenant des aecidies ne purent se développer que sur la plante même qui avait fourni des sporidies.

Combinant alors ces résultats avec ceux qui avaient été obtenus antérieurement, Fischer arrive à démembrer le *Peridermium* des aiguilles du Pin en neuf *espèces-sœurs* de la manière suivante :

P. oblongisporium (Fuckel) correspondant à *Col. Senecionis* (Pers.) de *Senecio vulgaris* et *S. sylvaticus.*

P. Plowrightii (Kleb.) correspondant à *C. Tussilaginis* (Pers.) de *Tussilago farfara.*

P. Klebahnii (Fischer) correspondant à *C. Inulae* (Kze) de *In. Vaillantii* et *I. Helenium.*

P. Fischeri (Kleb.) correspondant à *C. Sonchi-arvensis* (Pers.) de *Sonchus asper, S. oleraceus, S. arvensis.*

P. Boudieri (Fisch.) correspondant à *C. Petasitis* (de Bary) de *Pet. officinalis*

P. Magnusianum (Fisch.) correspondant à *C. Cacaliae* (D. C.) de *Adenostyles alpina.*

P. Stahlii (Kleb.) correspondant à *C. Euphrasiae* (auctt. p. p.) de *Rhinanthus crista-galli.*

P. Soraueri (Kleb.) correspondant à *C. Euphrasiae* (auctt. p. p.) des *Mélampyres.*

P. Rostrupi (Fisch.) correspondant à *C. Campanulae* (Pers.) de *Campanula Trachelium.*

Cette multiplication du nombre des espèces pour des champignons identiques au point de vue morphologique, ne différant les uns des autres que par le milieu sur lequel ils se développent, peut être discutée. Mais quelle que soit l'opinion adoptée, il résulte de l'ensemble des faits publiés jusqu'à ce jour deux conclusions de nature à jeter quelque doute sur les idées actuellement reçues :

1° On peut obtenir le *Coleosporium Senecionis* à l'aide de l'un des *Peridermium* de l'écorce, aussi bien que par l'un des *Peridermium* des aiguilles. Appartiennent-ils bien à deux espèces distinctes ?

2° Parmi les Peridermium de l'écorce, certains auraient pour forme Uredo (avec téleutospores) un *Cronartium* et d'autres un *Coleosporium*, résultat au moins bizarre.

La question nécessite donc de nouvelles recherches. Elles ne donneront de résultats indiscutables que si l'on s'astreint à n'ensemencer que des plantes (Pin, Séneçon ou autres) protégées de toute infection depuis leur germination.

CŒOMA PINITORQUUM A. Br.

Rouille courbeuse du Pin.

Caractères. — Ce champignon attaque exclusivement les pousses de l'année ; celles-ci portent en juin sur leur face supérieure des taches d'un jaune pâle, longues de un à trois centimètres et qui sont formées d'un amas de spermogonies que l'on peut distinguer à la loupe. Les æcidies ne tardent pas à apparaître au-dessous, envahissant l'écorce de la tige au point d'en provoquer la mort. Comme le rameau continue à se développer sur la face inférieure, celle-ci devient convexe par suite de sa plus grande longueur. Le géotropisme intervenant ensuite, les jeunes pousses prennent la forme d'un S, d'où la dénomination de *Rouille courbeuse* donnée au parasite.

Dégâts en Champagne. — Nous n'avons rencontré qu'un très petit nombre d'échantillons de *Cœoma pinitorquum*, provenant de Saint-Hilaire-le-Grand et M. Pigeot nous en a communiqué un exemplaire du Châtelet, où le parasite est abondant. Cependant les rameaux contournés abondent dans toutes les plantations, mais la plupart sont produits par les attaques du *Retinia buoliana* comme nous l'indiquerons plus loin.

Développement. — Il résulte donc des expériences de MM. Hartig et Rostrup que les spores de la Rouille courbeuse se développent sur les feuilles du Tremble, donnant les urédospores du *Melampsora Tremulae* (Tulasne); le passage inverse ayant pu être réalisé, l'hétéræcie du *Cæoma* se trouve bien établie et l'on ne peut que recommander *d'éviter l'emploi du Tremble* dans les plantations de feuillus que l'on mélange habituellement aux résineux. Les dommages causés par le parasite dans les jeunes plantations peuvent d'ailleurs devenir très appréciables si le mois de juin est à la fois chaud et humide.

BASIDIOMYCÈTES

Quoique nous n'ayons pas fait d'observations relatives aux parasites de ce groupe, nous croyons devoir indiquer sommairement les quelques espèces qui ont été signalées comme nuisibles.

Polyporus annosus Fries.

Ses appareils reproducteurs se développent sous terre, sur les racines ou sur le bas du tronc; ils forment un plateau irrégulier, dépourvu de pied et appliqué contre la racine par l'un de ses bords; la face supérieure fertile entièrement blanche est couverte de tubes nombreux dans lesquels se développent les spores; la face inférieure stérile est rugueuse et bosselée, ne devenant lisse et brillante que plus tard. Le réceptacle est vivace et s'accroît d'année en année.

Le mycélium pénètre dans l'écorce envoyant de petites masses de stroma entre les diverses couches de l'écorce crevassée ; il arrive au bois par les rayons médullaires et en provoque peu à peu la décomposition, amenant ainsi la mort de l'arbre.

La propagation du parasite se fait de deux manières : par la germination directe des spores sur les racines et par le contact d'une racine malade avec celle d'un arbre voisin.

Le mélange aux résineux d'arbres feuillus empêche la maladie de prendre une extension redoutable.

Polyporus Pini Pers.

Ce champignon apparaît sur le tronc des arbres âgés dont le cœur est déjà bien différencié ; il forme des chapeaux ligneux très durs, à face supérieure brune marquée de sillons concentriques, à face inférieure garnie de tubes fertiles. Le réceptacle est vivace et croît pendant plusieurs années.

Le mycélium pénètre exclusivement dans le cœur, l'abondance de la résine dans l'aubier arrêtant son développement ; le bois se colore en rouge brun et se décompose, de là le nom de *pourriture rouge* donné à la maladie. La transmission du parasite se fait uniquement par les spores qui germent dans les points où le cœur est mis à nu par la section des grosses branches.

On arrête le mal en abattant les arbres atteints.

Armillaria mellea Quélet.

Pourridié des arbres.

Le mycélium se compose de cordons ou *rhizomorphes* qui se répandent dans le sol autour de l'arbre attaqué, rampant à la surface des racines. Ces cordons cylindriques, presque noirs, atteignent trois à quatre millimètres de diamètre; leur partie externe est dure et friable, la portion interne, plus résistante, est entièrement blanche. Çà et là ils pénètrent à l'intérieur des racines, s'épanouissent en lames sous l'écorce, puis atteignent le bois par les rayons médullaires, envahissant les canaux résinifères et provoquant un écoulement considérable de résine.

Les organes reproducteurs apparaissent en octobre autour des arbres attaqués, aussi bien sur les lames qui ont envahi le tronc que sur les rhizomorphes libres dans le sol. Le pied porte un large anneau blanchâtre; le chapeau jaune de miel et écailleux sur sa face supérieure est garni en dessous de feuillets rayonnants couleur de chair et plus ou moins décurrents.

Les arbres envahis finissent toujours par mourir; les rhizomorphes s'étendent alors aux racines des arbres voisins; ainsi se forment des cercles dépeuplés de plus en plus étendus.

On ne connaît jusqu'alors d'autre remède que *la destruction complète des points envahis*.

TABLEAU

Pour la détermination des Champignons parasites des Pins.

Champign. sans chapeau.

Spores de couleur rouille enveloppées dans une bourse membraneuse très apparente.
- sur les rameaux . . . **Peridermium Pini.**
- sur les aiguilles. . **Peridermium oblongisporium.**

Pas de bourse membraneuse ; les rameaux attaqués sont courbés., ... **Cæoma pinitorquum**

Champignons à chapeau.

Chapeau *pourvu d'un pied*, fixé sur les racines ou la base du tronc, et portant en dessous des *lames rayonnantes* sur lesquelles se développent les spores. . . . **Armillaria mellea.**

Chapeau *sans pied* portant des *tubes* sporifères.

Chapeau souterrain, de forme irrégulière, fixé sur les racines ou la base de la tige, à tubes sporifères en dessus . . . . . **Polyporus annosus.**

Chapeau fixé sur le tronc, en forme de console régulière, à tubes sporifères en dessous. . **Polyporus Pini.**

II. — INSECTES

Un grand nombre d'Insectes habitent les plantations de Pins de la Champagne; les uns en font exclusivement leur nourriture; d'autres moins spécialisés s'attaquent en même temps aux arbres à feuilles caduques; il en est d'inoffensifs comme les Forficules; un petit nombre seulement nous sont utiles en détruisant les espèces dangereuses.

A part les Névroptères, tous les ordres sont représentés; aussi les passerons-nous successivement en revue en commençant par les Lépidoptères qui sont de beaucoup les plus redoutables.

LÉPIDOPTÈRES [1]

Pour la rédaction de ce chapitre, MM. L. Demaison et Ad. Tuniot nous ont communiqué de précieux renseignements dont nous leur sommes vivement reconnaissants.

Classification des Insectes nuisibles aux Pins.

SPHINGIDÉS.	*Sphinx Pinastri.*
BOMBYCIDÉS	*Cnethocampa pityocampa.*
	Lasiocampa Pini.
LIPARIDÉS	*Liparis monacha*
NOCTUIDÉS	*Trachea piniperda.*
	Thera variata.
GÉOMÉTRIDÉS	*Fidonia Piniaria.*
	Ellopia prosapiaria.
	Retinia buoliana.
	— *turionana.*
	— *resinana.*
TORTRICIDÉS	*Coccyx comitana.*
	Grapholita strobilana.
	— *cosmophorana.*
	Penthina Hartmanniana.

---

[1] Ouvrages consultés : E. Berce. *Faune entomologique française. Lépidoptères.* 6 vol., 1867 à 1878, pl. par Th. Deyrolle; — P. Brocchi. *Traité de zoologie agricole.* Paris, 1886; — J.-B. Godart et P.-A.-J. Duponchel. *Histoire naturelle des Lépidoptères ou Papillons de France.* 18 vol., 1821 à 1844.

Sphinx Pinastri. L.

Le Sphinx du Pin.

Caractères. — Le *papillon* a les antennes flexueuses, de la longueur de la tête et du thorax réunis, renflées au milieu, striées transversalement en manière de râpe du côté interne chez le ♂, unies chez la ♀. Le chaperon est large et proéminent, les yeux gros et saillants; les palpes épais, réunis à leur extrémité et débordant le chaperon; la spiritrompe épaisse, presque aussi longue que le corps.

La couleur générale du corps est d'un gris cendré; le corselet gris est marqué de deux bandes noires en forme de croissant; l'abdomen est long, cylindro-conique, marqué de bandes annulaires ou transversales alternativement blanches et noires.

Les ailes supérieures sont lancéolées, d'un gris blanchâtre, avec quelques raies noires longitudinales; les ailes inférieures brunes sont beaucoup plus courtes. Les quatre ailes sont frangées et la frange présente quelques taches blanches. Longueur du corps : 38 $^{m}/_{m}$; envergure : 70 $^{m}/_{m}$.

La coloration de la *chenille* varie beaucoup suivant l'époque à laquelle on l'examine : au sortir de l'œuf, elle est presque entièrement jaune; plus tard, elle présente des raies vertes, lilas, et devient enfin entièrement verte.

La tête est brusquement tronquée, aplatie en avant, avec une bande jaune de chaque côté. En arrière de la tête, le premier anneau porte sur la face dorsale des taches longitudinales : une médiane brune, puis deux paires latérales noires séparées par des bandes jaunes. Le reste du corps est strié dorsalement de raies transversales. Au-dessous de chaque stigmate, sur le bord latéral de chaque anneau, se trouve une tache jaune bordée de vert en avant. Le onzième anneau porte une *corne* unie, aiguë, recourbée en arrière.

La chenille inquiétée rejette par la bouche un liquide vert.

La chrysalide brune est allongée, avec le fourreau de la spiritrompe plus ou moins séparé de la poitrine.

Développement. — Le papillon se montre au commencement de juin; la ♀ dépose ses œufs verts, pyriformes, sur les feuilles des Pins. Les chenilles rongent les feuilles et s'enfoncent sous la mousse à la fin de l'été pour se transformer en chrysalides.

Dégâts. — Signalé par tous les auteurs, le Sphinx du Pin ne cause que très rarement des dégâts sérieux. Nous avons recueilli une chrysalide au pied d'un arbre à Connantray en mars dernier et une chenille à Bassu en septembre. M. Tuniot a capturé le ♂ et la ♀ à Châlons-sur-Vesle le 14 mai 1876; il a aussi obtenu des éclosions le 5 juin 1876, provenant d'élevage de chenilles trouvées sur les Pins qui bordent le canal, près du pont de Saint-Brice. M. L. Demaison a recueilli un papillon dans un bois de Pins, sur la route de Beine, près de la ferme de Roucisson, et une chrysalide au pied d'un Pin, près de la route de Cormontreuil. Il a trouvé plusieurs fois la chenille et l'Insecte parfait dans le clos de la ferme Demaison, au faubourg Cérès; ce clos est planté en partie en Pins et en Epicéas.

CNETHOCAMPA PITYOCAMPA. S. V.

Bombyx processionnaire du Pin

Par ses caractères aussi bien que par ses mœurs, cette espèce se rapproche beaucoup du Bombyx processionnaire du Chêne. Le papillon se montre en juillet et la femelle dépose ses œufs sur les aiguilles du Pin. Les chenilles rongent ces feuilles et se construisent une *bourse* suspendue aux branches de l'arbre; elle est souvent de la grosseur de la tête d'un homme. Leur corps est garni de poils longs et peu touffus qui peuvent occasionner des démangeaisons aussi vives que celles de l'Ortie, grâce au produit de sécrétion de petites glandes situées dans les téguments. On leur a donné le nom de *Processionnaires* à cause de l'ordre singulier qu'elles observent dans leur marche lorsqu'elles quittent leur abri commun pour aller prendre leur nourriture, ou pour s'établir ailleurs, ce qui arrive chaque fois qu'elles changent de peau.

Cette espèce méridionale se rencontre sur les Pins maritimes aux environs de Bordeaux ; elle ne remonte pas au nord jusque dans nos régions, néanmoins les chenilles enfermées dans leur nid de soie peuvent supporter un froid rigoureux puisque Perris (1) signale qu'en janvier 1864 elles ont pu résister à des températures de-10 à-12 degrés qui se sont maintenues pendant plusieurs jours. En rapprochant ce fait des observations de M. de Taillasson sur le Bombyx du Pin, on peut conclure que la résistance au froid des chenilles de ce groupe est considérable pendant la période d'hibernation.

LASIOCAMPA PINI. L.

Le Bombyx du Pin

Caractères (2). — Le corps du papillon entièrement couvert de poils brun tanné atteint 3 centimètres de longueur, beaucoup plus gros chez la femelle que chez le mâle. Les antennes, médiocrement longues, sont pectinées dans les deux sexes, avec les dents de cette sorte de peigne longues et serrées chez les mâles, courtes et espacées chez les femelles. Les ailes sont disposées en toit au repos, les supérieures débordant latéralement les inférieures, lorsqu'elles sont étalées ; l'insecte atteint en moyenne 6 centimètres de largeur, ce chiffre pouvant s'abaisser à 45ᵐᵐ chez les mâles et s'élever à 65ᵐᵐ chez les femelles.

Les ailes supérieures sont d'un gris cendré ou d'un gris

---

(1) E. Perris. « Bulletin de la Société entomologique de France ». 1865, p. XVII.

(2) D'après Hickel et Dufour, loc. cit.

brunâtre avec deux bandes grises transverses assez larges, dont la médiane est précédée d'une *tache blanche trian- gulaire*. Les ailes inférieures sont uniformément gris brun. La coloration des ailes est beaucoup plus variable chez les mâles qui sont généralement d'un brun beaucoup plus foncé surtout pour les ailes supérieures.

La *chenille* adulte mesure 7 à 8 centimètres de longueur atteignant presque la grosseur du doigt. Elle est très aplatie en dessous et porte, outre les trois paires de pattes thoraciques, cinq paires de fausses pattes abdominales ou plutôt d'appendices pédiformes pouvant se rapprocher deux à deux pour former pince et fixer l'animal aux rameaux ; les quatre premières paires occupent les quatre anneaux antérieurs de l'abdomen ; puis viennent deux anneaux sans pattes, et le dernier porte la cinquième paire. Ces fausses pattes sont hérissées de poils dirigés vers le bas.

La face ventrale est jaune avec des taches rouges ; la face dorsale est gris brun, avec des dessins lui donnant un aspect écailleux qui fait confondre facilement les chenilles avec l'écorce des jeunes rameaux, de sorte qu'il est difficile de les apercevoir au repos. Outre quelques poils bruns épars, on observe sur la face dorsale de chaque anneau deux touffes de poils bleus entourés d'une bande blanche.

Enfin en arrière de la tête, se trouvent *deux taches bleu d'acier*, revêtues de poils de même couleur et sépa- rées par un espace couvert de courts poils argentés. Ces taches bleues sont surtout apparentes quand la chenille recourbe la tête et ses premiers anneaux, comme elle le fait quand on l'inquiète. Elles sont moins apparentes chez les jeunes chenilles qui sont presque noires et paraissent beaucoup plus velues que les adultes.

Mœurs et développement. — Le papillon apparaît habi- tuellement dans la première quinzaine de juillet, mais on peut en observer vers le milieu de juin tandis que certaines éclosions sont retardées jusqu'au commencement d'août. La femelle vole peu et *reste fixée pendant le jour contre le tronc des arbres* du côté opposé au vent. Elle dépose ses œufs au nombre de 100 à 200 et par paquets de 20 à 40 sur les aiguilles du Pin, sur les jeunes branches ou même à terre dans la mousse ; ils sont de couleur verte au moment de la ponte et atteignent plus d'un millimètre de diamètre. Leur couleur se modifie à mesure qu'ils se développent et ils deviennent lilas puis noirâtres au moment de l'éclosion.

L'éclosion des chenilles se fait après 12 à 15 jours ; au sortir de l'œuf elles ont 6 à 8 millimètres de longueur ; elles sont de couleur noire, couvertes de poils et déjà très agiles ; elles gagnent bien vite les rameaux sur lesquels elles vont trouver leur nourriture. Au commencement d'octobre, lorsque surviennent les premiers froids, elles descendent à terre pour *passer l'hiver sous la mousse* à une très faible profondeur. Elles ont alors 2 à 3 centimètres de longueur. D'après M. de Taillasson elles ont pu supporter, pendant cette période d'engourdissement, des températures de-18° à-20° pendant l'hiver de 1893.

On les voit *sortir de leur retraite du 10 au 25 mars* suivant la température ; lors de l'excursion que fit notre Société à Fère-Champenoise le 19 mars dernier, elles avaient déjà quitté leur abri, grâce aux quelques beaux jours qui avaient précédé. *Elles grimpent alors contre les troncs* et gagnent les aiguilles qu'elles dévorent rapidement. La partie inférieure du corps étant fixée sur le rameau à l'aide des deux dernières paires de pattes abdominales qui forment pince, la chenille se dresse contre les aiguilles qu'elle commence à ronger à 2^{mm} au-dessous de leur extrémité ; les feuilles sont ainsi détruites peu à peu jusqu'à 3^{mm} au plus de leur point d'insertion.

Lorsque les chenilles approchent de leur taille définitive il leur suffit d'une dizaine de minutes pour dévorer une aiguille et un même animal peut en détruire ainsi quatre à cinq dans l'espace d'une heure. Aussi c'est exclusivement pendant le dernier mois de leur vie larvaire que ces Insectes causent des dégâts sérieux.

Nous avons pu les nourrir indifféremment avec du Pin sylvestre ou du Pin d'Autriche; elles ont accepté également les feuilles d'Épicéa, mais elles ont toujours refusé l'If et le Genévrier, même lorsqu'elles étaient privées de toute autre nourriture. Ces faits concordent avec les observations signalées par M. de Taillasson.

Dans l'intervalle des repas, elles se fixent contre les rameaux, les rugosités de leur face dorsale figurant très exactement les inégalités de surface d'une branche de 2 à 3 ans débarrassée de ses feuilles. C'est un exemple remarquable de mimétisme.

Lorsqu'une pineraie se trouve entièrement détruite, les chenilles descendent des troncs et *émigrent à travers les landes*, évitant autant que possible les champs cultivés, vers la pineraie la plus voisine.

Vers la fin de mai on voit apparaître les premiers cocons; dans les élevages que nous avons pratiqués, les chenilles n'employaient guère que vingt-quatre heures, deux jours au plus pour les construire. Ces cocons de couleur grisâtre, atteignant 4 à 5 centimètres de longueur sont fixés à la face inférieure des branches, rapprochés par 4 ou 5 quand les Insectes sont nombreux. Des lambeaux d'écorce et des touffes de poils de la chenille sont mélangés à la soie. L'éclosion des papillons se fait 15 à 20 jours après.

Les recherches de Goossens (1) ont montré que la

---

(1) Th. Goossens. Expériences sur la reproduction consanguine de la *Lasiocampa Pini. Annales de la Société entomologique de France,* 5ᵉ série, T. VI, p. 429. 1876.

parthénogénèse accidentelle est possible chez *Lasiocampa. Pini* quoique les chenilles obtenues soient mortes à la deuxième mue. En captivité il put avoir deux générations par an, mais à la dixième génération consanguine les pontes étaient moins nombreuses, les papillons plus petits et tous les individus moururent à la douzième.

Dégâts en Champagne. — C'est en mars 1892 que fut signalée officiellement dans l'Aube, à Champfleury et Plancy, la présence en grande abondance de chenilles de Bombyx du Pin. Quelques hectares seulement furent dévastés aux environs de Champfleury ; mais en 1893 les chenilles s'étendirent sur Viapres-le-Grand et Plancy, et dès 1894 près de 3,000 hectares de pineraies se trouvèrent détruits. L'année 1895 a été particulièrement désastreuse ; s'étendant sur un front de 20 à 25 kilomètres, l'invasion a pénétré dans la Marne jusqu'aux approches de Châlons ; les territoires de Sommesous, Bussy-Lettrée, Nuisement-sur-Coole ont été entièrement envahis, et la région attaquée s'est étendue vers l'ouest jusqu'à Fère-Champenoise.

Lorsque l'un de nous visita en septembre 1895 le pays compris entre Nuisement et Sommesous, plus des trois quarts des plantations de cette vaste plaine, soit plusieurs milliers d'hectares, se trouvaient détruits. Les arbres avaient perdu toutes leurs aiguilles ; il ne restait sur les branches que des cocons en nombre excessivement considérable, puisque sur de jeunes Pins atteignant à peine un mètre de hauteur on en pouvait compter jusqu'à 50.

En juin les chenilles étaient si nombreuses qu'il n'était pas possible aux paysans de venir s'asseoir sous les arbres sans se trouver aussitôt envahis par ces animaux dont les poils pénétraient dans la peau, provoquant des démangeaisons insupportables. A diverses reprises les trains de voyageurs entre Sommesous et Fère-Champenoise subirent des retards considérables causés par l'écrasement des chenilles en migration. Le sol était jonché d'une sorte de sciure verdâtre formée par leurs excréments; on dut éloigner les troupeaux de moutons des plantations attaquées, et l'on vit les lapins si nombreux reculer progressivement vers le nord à mesure que s'accentuait l'invasion.

A Fère-Champenoise, il nous fut facile de constater, le 19 mars 1895, la destruction de plus de la moitié des plantations du territoire. Près de Connantray, les arbres avaient pu résister à une première attaque et les chenilles n'étaient qu'en petit nombre relativement à l'année précédente. Aussi les dégâts en 1896 ont été à peu près nuls grâce à la destruction d'un grand nombre de chenilles et surtout de chrysalides par des parasites en 1895.

Cependant les observations faites en de nombreux points du département nous ont permis d'établir que le Bombyx n'est pas localisé à la limite de la région détruite; il existe partout où se trouvent des plantations de Pins sylvestres. Nous avons recueilli des chenilles en assez grand nombre à Bassuet et à La Veuve en avril 1896; elles étaient moins nombreuses à Prunay, Ludes, Chamery, Châlons-sur-Vesle, Reims, Pontfaverger (1) et localisées sur le Pin sylvestre à l'exclusion du Pin d'Autriche. Des dégâts assez sérieux auraient même été constatés en 1895 aux environs de Suippes.

Leur développement pendant l'année 1896 paraît avoir été entravé soit par les intempéries, soit par les parasites, car à La Veuve en juillet dernier, le nombre des cocons était loin de se trouver en rapport avec celui des chenilles au printemps. De même à Nuisement-sur-Coole le 5 octobre, il nous a fallu battre les arbres pendant plus de deux heures pour récolter une dizaine de chenilles, et

---

(1) Renseignement donné par M. Féry.

cependant elles n'étaient pas encore réfugiées sous la mousse. Parmi elles s'en trouvaient quelques-unes écloses l'année précédente et qui ne s'étaient pas chrysalidées en été.

Ennemis et parasites. — Un certain nombre d'animaux peuvent détruire les chrysalides de Bombyx ; M. de Taillasson a signalé le hérisson, le geai, le loriot, la pie, l'engoulevent, la mésange et particulièrement le corbeau. Ce dernier aurait rendu de réels services dans l'Aube.

Dans une note insérée au Bulletin du Comice agricole de l'arrondissement de Reims (n° du 15 décembre 1895), M. L. Mathieu indique avoir signalé à M. le Ministre de l'Agriculture la présence d'un grand nombre de Forficules dans les cocons vides de Bombyx, et il émet l'hypothèse que ces Forficules pourraient détruire les chrysalides. Nous avions fait une observation semblable à Bussy-Lettrée en septembre 1895 ; presque tous les cocons renfermaient 2 et même 3 de ces Orthoptères.

Dans le but de vérifier l'hypothèse émise par M. Mathieu, un cocon de Bombyx fut enfermé le 8 juillet dernier avec 6 Forficules ; trois jours après il en sortait un papillon absolument intact qui vécut encore trois jours sans subir les attaques des Perce-oreille. L'expérience fut renouvelée et donna le même résultat. Au 1er octobre, les Forficules, n'ayant pas pris de nourriture depuis quatre-vingt-quatre jours, étaient encore vivantes à côté d'un papillon qu'elles avaient respecté ; l'une d'elles survécut même jusqu'au 1er novembre.

Il ne nous a pas été possible de récolter, comme nous l'aurions désiré, les nombreux parasites qui sont venus attaquer le Bombyx. Nous avons observé sur place un assez grand nombre de chenilles sur le corps desquelles s'étaient chrysalidés de nombreux Braconides, probablement des Microgastérides ; nous avons également obtenu

d'éclosion quelques Ichneumonides et un certain nombre
de Tachinaires (1).

Quoi qu'il en soit, l'invasion a été arrêtée par des parasites qui n'ont pas empêché les insectes d'arriver à la
phase de chrysalide, puisque nous avons constaté en
septembre 1895 l'abondance des cocons sur les arbres et
que le nombre des éclosions de papillons au mois de
juillet précédent avait été absolument insignifiant. Ce
résultat et les observations que nous avons pu faire
tendent à établir le *rôle prépondérant des Tachinaires*
dans la destruction du Bombyx.

On peut dès lors se demander si, au cours de l'invasion,
il était avantageux ou non de récolter les chenilles ou les
cocons; ne risquait-on pas, comme des naturalistes émi-
nents l'ont prétendu, l'opération n'étant pas faite sur
toute la région envahie, de détruire plus de parasites que
de Bombyx, et par là d'arrêter le développement de ces
parasites sans entraver sensiblement celui du Lépidoptère?

Les Bombyx, comme beaucoup d'Insectes nuisibles, ont
le vol lourd et se trouvent par là cantonnés sur des étendues relativement restreintes; d'autre part, leurs parasites, Diptères ou Entomophages, sont doués au contraire
d'un vol puissant; il y a donc beaucoup de chances pour
que la proportion d'Insectes parasités soit sensiblement la
même dans toute la région ravagée; ce fait a d'ailleurs été
vérifié par l'observation dans le cas qui nous occupe,
puisque les Insectes ont été détruits par leurs parasites à
la même époque sur tous les points envahis.

Dès lors, admettons qu'à un moment donné la proportion
d'Insectes parasités ait été de 1/4 et que les parasites aient
déposé un seul œuf dans chaque chenille. Sur 8 chrysalides,

---

(1) L'étude des parasites des Lépidoptères sera reportée en partie au chapitre
des Hyménoptères et en partie à celui des Diptères.

6 donneraient des Bombyx et 2 des parasites. Nous admettrons que sur les 6 papillons il y a 3 mâles et par suite 3 femelles et que les 2 parasites sont l'une femelle et l'autre mâle.

Chaque femelle de Bombyx pond une centaine d'œufs; admettons que les parasites soient de même fécondité. Nous aurons la première année 300 chenilles dont 100 seront parasitées, ce qui nous donnera comme éclosions 200 papillons (100 femelles) et 100 parasites (50 femelles).

La deuxième année, il y aurait $100 \times 100 = 10,000$ chenilles dont 50×100 ou 5,000 seraient parasitées, soit $10,000 - 5,000$ ou 5,000 éclosions de papillons et 5,000 éclosions de parasites, avec 2,500 femelles de chaque espèce.

La troisième année, le nombre des chenilles serait de $2,500 \times 100 = 250,000$; il est facile de voir que toutes seraient attaquées par les parasites, de sorte qu'on n'observerait aucune éclosion de papillon.

Ainsi, malgré la présence des parasites, le nombre des chenilles irait croissant d'année en année suivant la progression suivante :

Début :   8
1ʳᵉ année :   300
2ᵉ année : 10,000
3ᵉ année : 250,000

qui montre l'intérêt que présentait la destruction des 8 cocons du début.

Le problème peut recevoir d'ailleurs une solution tout à fait générale. *Étant donné un Insecte nuisible A, à développement annuel, dont la femelle est capable de pondre un nombre d'œufs représenté par b, si cet Insecte est attaqué par un parasite B à développement également annuel, dont la femelle dépose un seul œuf dans chaque larve de A ; au bout de combien d'années le parasite aura-t-il provoqué la destruction de l'Insecte? La fécondité du parasite est représentée par c et la proportion d'Insectes parasités au*

$$\text{début est } \frac{1}{a+1}.$$

Sur $2a + 2$ Insectes, 2 sont parasités; on aura donc au début $2a$ Insectes renfermant a femelles et 2 parasites dont 1 femelle.

a femelles d'Insectes pondent ab œufs; parmi les larves qui en sortiront, il s'en trouvera un nombre c qui recevront chacune un œuf de parasite; à la fin de la première année, les chiffres d'Insectes et de parasites seront représentés respectivement par

$$ab - c \quad \text{et} \quad c$$

On établirait de la même manière qu'après 2, 3, 4 ans, on obtient :

$$\frac{ab^2 - cb}{2} \text{ Insectes et } \frac{c^2}{2} \text{ parasites;}$$

$$\frac{ab^3 - cb^2 - c^2b}{4} \text{ Insectes et } \frac{c^3}{4} \text{ parasites;}$$

$$\frac{ab^4 - cb^3 \ c^2b^2 \ c^3b}{8} \text{ Insectes et } \frac{c^4}{8} \text{ parasites.}$$

Après x années :

$$\frac{ab^x - cb^{x-1} - c^2b^{x-2} \ldots - c^{x-1}b}{2^{x-1}} \text{ Insectes et } \frac{c^x}{2^{x-1}} \text{ parasites.}$$

La destruction des Insectes est assurée si les parasites sont aussi nombreux, c'est-à-dire si l'on a la relation :

$$\frac{ab^x - cb^{x-1} - c^2b^{x-2} \ldots - c^{x-1}b}{2^{x-1}} = \frac{c^x}{2^{x-1}}$$

ou $\quad ab^x - cb^{x-1} - c^2b^{x-2} \ldots - c^{x-1}b = c^x$

ou $\quad ab^x = c^x + c^{x-1}b + c^{x-2}b^2 + \ldots + cb^{x-1}$

Les termes du second nombre forment une progression géométrique dont la raison est $\dfrac{b}{c}$; faisant la somme de ces termes, il vient :

$$ab^x = c \, \frac{c^x \left(\dfrac{b^x}{c^x} - 1 \right)}{b - c}$$

$$\frac{b^x \, a(b - c)}{c} = b^x - c^x$$

$$c^x = b^x - b^x \frac{a(b - c)}{c} = b^x \frac{c - ab + ac}{c}$$

$$\frac{c^x}{b^x} = \frac{c - ab + ac}{c}$$

$$\left(\frac{c}{b} \right)^x = \frac{c - ab + ac}{c} \qquad (1)$$

Un calcul logarithmique fournit dès lors facilement la valeur de x.

Discussion. — On comprend facilement que la destruction d'un Insecte par un Diptère ou un Ichneumonide ne puisse avoir lieu après un temps limité que s'il existe un certain rapport $\dfrac{c}{b}$ entre la fécondité du parasite et celle de l'Insecte.

Ce rapport ne devra pas descendre au-dessous d'une certaine limite que nous connaitrons en faisant dans l'équation (1) $x = \infty$. Le second membre de l'équation ayant une valeur limitée et constante, il faut nécessairement $c < b$, ce qui donne

$$\left(\frac{c}{b}\right)^x = 0 = \frac{c - ab + ac}{c}$$

a, b et c étant des nombres positifs, il en résulte

$$ab = c + ac$$

ou

$$ab = c(1 + a)$$

et

$$\frac{c}{b} = \frac{a}{1 + a} \qquad (2)$$

condition pour laquelle la fraction d'Insectes parasités reste constante d'année en année.

L'équation (2) montre en outre que le rapport $\dfrac{c}{b}$, dans ce cas limité, est plus petit que l'unité, c'est-à-dire que la *fécondité du parasite est moindre que celle de l'Insecte*. Pour toute valeur de c légèrement supérieure à celle que donne l'équation (2), la destruction de l'Insecte sera donc assurée, elle sera d'autant plus rapide que la valeur de c sera plus grande.

Ainsi, *il n'est pas nécessaire que le parasite soit plus fécond que l'Insecte pour arrêter le développement de celui-ci.*

Ce résultat, paradoxal au premier abord, s'explique assez facilement si l'on tient compte que, dans l'hypothèse où nous nous sommes placé, rien n'entrave le développement des parasites, tandis que chaque année une quantité de plus en plus grande d'Insectes nuisibles se trouve détruite.

Les conclusions précédentes ne peuvent être appliquées avec une rigueur mathématique pour bien des raisons. Nous avons admis que, chez les Insectes nuisibles comme chez leurs parasites, toutes les femelles sont fécondées et tous les œufs entrent en développement. Non seulement les parasites peuvent être eux-mêmes parasités, comme on en connaît beaucoup d'exemples, mais les circonstances météorologiques peuvent entraver leur développement aussi bien que celui des Insectes. En outre, à mesure que le nombre des Insectes va croissant, il leur est de plus en plus difficile de se procurer leur nourriture ; la lutte pour l'existence s'établit alors entre individus d'une même espèce, les obligeant à des migrations souvent fatales pour beaucoup.

Cependant lorsqu'il s'agit de chenilles s'attaquant à des plantes cultivées sur de vastes étendues comme le Pin, si d'autre part, pendant quelques années, les conditions météorologiques restent favorables, la marche des phénomènes sera sensiblement celle qui résulte de la discussion précédente. Le nombre des Insectes nuisibles ira croissant très rapidement et leur destruction à peu près complète sera réalisée par les parasites l'année même où l'on aura enregistré les plus grands ravages.

L'évolution du Bombyx du Pin en Champagne est une vérification remarquable de cette loi. Les années 1892, 1893, 1894 et 1895 ont été caractérisées par un printemps chaud et sec, spécialement en mars et avril, époque de la montée des chenilles ; l'été s'est montré plus humide, puis en août et septembre la persistance du beau temps a facilité à la fois l'éclosion des papillons et celle des jeunes chenilles.

D'après ce que nous avons dit plus haut, en 1892 quelques bouquets d'arbres sont détruits ; l'invasion s'étend en 1893 ; 3,000 hectares sont anéantis en 1894 et l'année 1895 est un véritable désastre pour le pays qui perd de 15 à 20.000 hectares de plantations. Le développement des parasites s'est fait parallèlement à celui des chenilles, aussi en 1896 il ne reste que de rares Bombyx ; l'invasion se trouve arrêtée.

Mesures à prendre. — S'il est bien établi que les dégâts causés par le Bombyx ont été à peu près nuls en 1896 et que l'invasion peut être considérée comme arrêtée par la seule action des parasites naturels, il n'en reste pas moins établi que ce Lépidoptère se trouve disséminé dans toutes les plantations du département. *Il suffira donc de circonstances météorologiques favorables pour que des invasions semblables se répètent à intervalles plus ou moins rapprochés ;* aussi croyons-nous nécessaire d'étudier successivement les différents procédés recommandés pour lutter contre cet ennemi dangereux. Il ne faut pas oublier que quelques milliers de francs dépensés à propos auraient suffi pour arrêter le fléau à son origine, alors qu'aujourd'hui les pertes se chiffrent par millions. S'il est vrai que des causes naturelles peuvent suffire à enrayer le mal, on doit aussi se rappeler que l'une de ces causes naturelles serait la destruction complète des massifs de Pins créés artificiellement en Champagne.

Mais avant d'exposer les mesures à prendre, il est nécessaire de se rendre un compte exact des difficultés de la lutte, principalement au point de vue du prix de revient. C'est pour n'avoir pas fait intervenir la question économique que bien des auteurs ont proposé des remèdes absolument inapplicables.

Les dégâts causés depuis quatre ans en jetant dans le commerce des quantités considérables de bois de Pin ont provoqué un avilissement des prix, surtout à quelque distance des agglomérations importantes. A Fère-Champenoise des ventes sur pied auraient été faites récemment au prix d'un franc le stère, ce qui abaisse à deux ou trois cents francs au maximum le revenu de l'hectare au bout de 40 ans. C'est un chiffre qu'il ne faudra pas atteindre dans le traitement à appliquer.

D'autre part il faut remarquer que dans les régions occupées par les plantations, la densité de la population est excessivement faible : la lutte ne pourra donc être entreprise qu'avec un personnel peu nombreux.

Ajoutons enfin qu'aucun des remèdes préconisés, s'il est appliqué seulement par un petit nombre de propriétaires, ne permettra de lutter efficacement contre le mal dans des conditions avantageuses comme prix de revient. Il serait donc nécessaire, en cas d'une nouvelle invasion, de solliciter de l'Administration préfectorale un arrêté prescrivant des mesures générales.

Ces réserves établies, examinons successivement les différents remèdes préconisés.

1° Protection des oiseaux et particulièrement des corbeaux malgré les quelques dégâts qu'ils peuvent causer dans les cultures au moment des semailles.

2° Entourer les massifs attaqués de fossés ayant 30 à 40 centimètres de profondeur et creusés à pic vers l'extérieur, à pente douce en dedans, avec de place en place des trous de capture de 10 à 15 centimètres de profondeur tous les quatre à cinq mètres. Les chenilles en voie de migration s'arrêtent quelque temps dans ces fossés où il est facile de les écraser.

Quoiqu'on en ait dit, ce procédé ne peut que retarder les chenilles dans leur migration sans les arrêter complètement ; nous en donnerons comme preuve ce fait que dans nos élevages elles grimpaient parfaitement contre les parois d'un bocal où nous les avions enfermées. Il faudra donc exercer une surveillance très active autour de ces fossés ; peut-être un sillon profond tracé à l'aide de la charrue les remplacerait-il économiquement.

3° Dans le cas de plantations en lignes régulièrement espacées et pour des arbres ayant déjà 15 à 20 ans, dont le tronc se trouve dégarni à la base, soit naturellement, soit par des élagages, il est possible d'arrêter la montée des chenilles au printemps par l'application de goudron sur le tronc des Pins.

On recherchera les chenilles sous la mousse pendant l'hiver ; si elles sont nombreuses, un anneau de goudron de 20 à 25 centimètres de hauteur sera appliqué au pinceau sur chaque tronc à un mètre au-dessus du sol dès les premiers jours de mars. On fabrique actuellement des goudrons séchant lentement et suffisants pour protéger l'arbre pendant trois semaines. Leur prix de revient est de 15 francs les 100 kilos pouvant servir pour trois hectares. La dépense ne serait pas considérable et les expériences faites en Allemagne et dans l'Aube ont prouvé l'efficacité de ce procédé.

Dans le cas de semis naturels encore jeunes, n'ayant reçu aucun soin, où les arbres sont par suite très inégalement distants, souvent entassés les uns sur les autres et garnis de branches jusqu'à la base, il est entièrement inapplicable, les frais surpasseraient la valeur du bois. C'est le cas des pineraies que nous avons visitées à Connantray.

4° On pourrait alors pratiquer l'arrosage soit des arbres au printemps, soit du sol en hiver, à l'aide d'un mélange de 100 litres d'eau pour 15 litres de pétrole, que l'on distribue à l'aide de pulvérisateurs. Le remède ne pourra s'appliquer évidemment qu'à un massif entier préalablement entouré de fossés, sinon les chenilles seront bien détruites, mais celles des plantations voisines émigreront bientôt vers la propriété qu'on aura voulu préserver.

5° *Il est à souhaiter que le département, les communes et les Sociétés agricoles votent des subventions pour distribuer des primes d'encouragement aux personnes qui recueilleraient des chenilles, des chrysalides ou des papillons, non seulement pendant les années d'invasion, mais en tout temps ; la dépense pourrait être très-minime et le procédé suffisant pour prévenir un nouveau désastre.*

En résumé la situation actuelle ne comporte guère que

des primes d'encouragement pour la destruction du Bombyx partout où il sera rencontré, mais dans le cas d'une nouvelle invasion, *un arrêté préfectoral prescrivant un ensemble de mesures telles que l'établissement de fossés autour des massifs envahis, l'application de goudron ou de pétrole suivant le cas, la récolte des chenilles et des papillons* serait absolument nécessaire pour arriver à des résultats sérieux.

Il n'est pas inutile de rappeler à ce sujet qu'à diverses reprises le Bombyx a causé en Allemagne des dégâts non moins importants qu'en Champagne, et que là où des mesures administratives ont été prises dès le début de l'invasion, on a pu lutter efficacement contre le fléau.

LIPARIS MONACHA L.

La Nonne.

Caractères. — Le *papillon* a la tête blanchâtre avec les antennes très pectinées chez le mâle, dentelées chez la femelle. Le corselet est blanc, marqué de taches noires, l'abdomen de couleur rosée, beaucoup plus gros chez la femelle que chez le mâle, garni à l'extrémité d'une sorte de bourre soyeuse qui s'en détache et sert à couvrir les œufs à mesure qu'ils sont pondus. Les ailes supérieures sont d'un blanc grisâtre avec des points et quatre lignes transverses en zigzag noirs. Il y a sept points noirs à la base, un sur le disque et huit le long du bord externe. Les ailes inférieures sont d'un gris cendré pâle, avec l'extrémité blanchâtre et divisée transversalement par une bande obscure. Longueur, 15 millimètres ; envergure, 40 à 54 millimètres.

La *chenille*, légèrement aplatie, est d'un gris verdâtre avec une tache cordiforme noire sur le deuxième anneau. Elle présente des tubercules bleus et rouges, surmontés de poils raides et rayonnants, dont ceux des côtés sont ordinairement plus longs. Elle atteint au maximum 40 millimètres de longueur.

Développement. — Les papillons apparaissent en juillet et août et la femelle dépose ses œufs sur les Pins, les Epicéas, par groupes de 5 à 50, plus rarement de 100 à 150, cachés sous les écorces exfoliées qu'il faut enlever pour les trouver. Ces œufs éclosent vers la fin d'avril ou le commencement de mai de l'année suivante. Les chenilles restent groupées pendant quelques jours sous les écorces, formant des plaques désignées sous le nom de *miroirs* par les forestiers allemands. Elles se rendent ensuite sur les aiguilles *qu'elles coupent à leur base, laissant tomber le reste à terre* contrairement au mode d'action de la plupart des autres chenilles qui dévorent habituellement les feuilles tout entières à partir de leur extrémité.

En juin elles descendent des hauteurs de l'arbre pour se transformer en chrysalides garnies de poils et enveloppées d'un réseau imparfait qui les laisse quelquefois à nu.

Dégâts. — Rare dans nos pays, où M. Tuniot l'a capturée une seule fois à Rilly, le 13 août 1876, et où M. L. Demaison a recueilli un mâle à Reims, boulevard Carteret, sur un mur, la Nonne a parfois causé en Allemagne des dégâts énormes, détruisant des forêts entières. Divers procédés de destruction ont été recommandés par Ratzeburg :

1° Pendant l'automne et l'hiver on détache les morceaux d'écorce à l'aide d'un couteau et on râcle les œufs en les faisant tomber dans un petit sac. Ils peuvent être placés depuis 1^{m}50 jusque 5 mètres au-dessus du sol. Il faut aussi les chercher au pied des troncs. On les brûle par petites portions, car jetés sur le feu, ils produisent une assez forte explosion.

2° Au moment de l'éclosion, les chenilles restant groupées pendant quelques jours, on peut les écraser avec des chiffons.

3° Pendant l'été on peut récolter les chenilles, les chrysalides ou les papillons.

Trachea Piniperda. Panz.

La Noctuelle des Pins.

Caractères. — Le *papillon* a la tête et le corselet d'un rouge ferrugineux assez vif, l'abdomen brun grisâtre. Les antennes sont dentées et garnies de cils fasciculés chez le mâle ; elles sont filiformes chez la femelle. Les ailes supérieures sont d'un rouge vif, avec les nervures d'un gris blanc et quelques nuances olivâtres ou ocracées sur l'espace médian et l'espace terminal. Elles sont marquées de deux taches, l'une jaunâtre, l'autre blanchâtre. Les ailes inférieures sont d'un noirâtre uni, avec la frange claire.

La *chenille* est cylindrique, sans poils, d'un vert foncé vif, avec neuf lignes longitudinales dont sept blanches dorsales et deux latérales rougeâtres au-dessus des stigmates. Tête et pattes écailleuses rousses.

Développement. — Le papillon apparaît en mars et avril ; la femelle dépose ses œufs sur les feuilles du Pin sylvestre et les jeunes chenilles dévorent les premières pousses, ce qui les rend très dangereuses. Elles ont achevé leur croissance en juillet et août ; elles descendent alors des arbres pour se transformer en chrysalides sous la mousse. Celles-ci sont d'abord vertes, puis brun foncé ; elles sont armées de deux épines à l'extrémité du dernier anneau.

Dégâts. — La chenille de la Noctuelle cause de grands dommages en Allemagne. Elle est assez commune dans

nos pays et nous avons recueilli le papillon à Chamery,
Châlons-sur-Vesle, Ludes, Pontfaverger (1).

Moyens de destruction. — On peut conduire des bandes
de porcs dans les bois au mois d'août ; ils détruiront un
grand nombre de chrysalides, non seulement de Noc-
tuelles, mais aussi de divers autres Insectes nuisibles.

Les chenilles seront récoltées en battant les arbres.

THERA VARIATA. Schiff.

Caractères. — Le *papillon* mâle a les antennes pubes-
centes, les palpes dépassent la tête de près d'une longueur.
Les ailes sont entières, soyeuses ou satinées. Les supérieures sont d'un gris un peu olivâtre et saupoudré de
blanchâtre avec l'espace basilaire et une bande médiane
noirâtre ou brunâtre. Cette bande, qui est très variable
dans sa forme, est toujours néanmoins plus étroite dans
sa partie inférieure, où elle forme de petites taches ovales
et contiguës. Les deux lignes qui la limitent sont plus ou
moins sinueuses et dentées ; elles sont bordées de blanchâtre extérieurement. Un point cellulaire et quelques
petits traits apicaux, dont le supérieur oblique, noirs.
Frange concolore, entrecoupée de brun et précédée d'une
ligne de points noirs. Les ailes inférieures sont allongées,
arrondies et presque sans dessins. Envergure : 26 à 30
millimètres.

La variété *simularia* Boisd. est d'un gris ocracé très
pâle, souvent blanchâtre, avec l'espace basilaire et la
bande médiane d'un fauve isabelle uni, plus ou moins
foncé, sans lignes noires sur leurs bords. Les ailes inférieures sont d'un blond pâle, sans aucune ligne.

La *chenille* est courte, rase, lisse, à tête verte, grosse

---

(1) Renseignement donné par M. Féry.

et globuleuse; elle est verte avec les lignes dorsale et sous-dorsale blanches et la stigmatale jaunâtre. Elle appartient au groupe des *arpenteuses*, c'est-à-dire qu'elle ne possède que deux paires de fausses pattes abdominales.

La *chrysalide* est verte enfermée dans une coque de soie entre les feuilles.

Le papillon se montre en mai, juin et juillet, puis en septembre. On trouve les chenilles à l'automne et au printemps.

La variété *simularia* a été trouvée par nous sans le type, à Châlons-sur-Vesle, en juin 1896 ; mais M. Tuniot y avait rencontré ce type le 14 mai 1876 et le 5 mai 1877. Il avait aussi récolté dans cette même localité les variétés *fulvata* P. et *simularia* B. en mai 1877.

FIDONIA PINIARIA. L.

La Phalène du Pin.

Caractère. — Le *papillon* ♀ mesure 45 $^{m}/^{m}$ d'envergure, 34 $^{m}/^{m}$ seulement chez le ♂ ; les antennes du mâle sont pectinées, celles de la ♀ simplement dentées. Les palpes velus, à articles indistincts, dépassent le front; la spiritrompe est nulle ou rudimentaire. La tête et le corps sont bruns, sablés de jaunâtre. Les ailes supérieures, arrondies, sont d'un jaune pâle, avec la côte, les bords interne et externe, et toute la partie apicale jusqu'à l'extrémité de la cellule d'un brun noir. La partie discoïdale jaune est divisée en trois taches principales : la première par une bandelette noirâtre sous la nervure médiane; les deux ou trois autres qui sont beaucoup plus allongées que la première, par les nervures. Les ailes inférieures sont également d'un brun noir, avec une bande longitudinale formée par trois taches jaunes, la troisième suivie, parallèlement au bord externe, de trois autres taches jaunes plus ou moins bien marquées. Le dessous des ailes supérieures est semblable au dessus, mais d'un brun plus clair; celui des inférieures est roussâtre, très sablé de brun, avec une bande longitudinale blanche coupée par deux lignes transverses.

La *chenille* allongée, cylindrique, de couleur verte, atteint 2 centimètres au milieu de septembre et 3 centimètres en octobre: sa tête globuleuse porte trois lignes longitudinales, la médiane de couleur blanche, les deux latérales un peu moins claires. La face dorsale du corps est garnie également de lignes longitudinales: une médiane blanche plus large est plus apparente ainsi que les deux latérales jaunes qui passent au voisinage des stigmates; dans l'intervalle se trouvent trois lignes blanches très délicates, paraissant à première vue fusionnées en une seule. La chenille appartient au groupe des *Arpenteuses*, c'est-à-dire qu'elle possède, outre les trois paires de pattes thoraciques, deux paires de fausses pattes abdominales formant des moignons vert clair transparents.

Développement. — Le papillon apparaît en juin et dépose ses œufs, de couleur verte, sur les aiguilles de la cime des Pins. Il en sort de petites chenilles qui se tiennent sur les feuilles, le corps courbé en arc, la partie courbée correspondant à l'intervalle compris entre les pattes abdominales et les pattes thoraciques. Elles ne rongent ainsi que la moitié de la feuille; nous avons pu les nourrir indifféremment avec le Pin d'Autriche et le Pin sylvestre.

Vers la fin d'octobre, elles descendent à terre, s'enfoncent dans le sol, tapissent de quelques fils de soie la cavité qu'elles occupent, puis se transforment en chrysalides, d'abord vertes, mais devenant brunes au bout de quelques jours.

Dégâts en Champagne. — Nous avons rencontré la chenille de cette espèce en grande abondance dans toutes les plantations que nous avons visitées en septembre et en octobre 1896. Nous signalerons particulièrement les environs de Bassuet, Bassu, Lisse, où nous les avons récoltées le 10 septembre, Châlons-sur-Marne, Saint-Memmie, Châlons-sur-Vesle, Lépine, le 14 septembre, Nuisement-sur-Coole, le 5 octobre et Mourmelon le 6 octobre. Tous les arbres en portaient un assez grand nombre.

Moyens de destruction — On conseille de recueillir les chenilles en battant les branches.

Dans nos élevages, un grand nombre ont été attaquées par un champignon voisin de l'*Isaria densa* et détruites au moment même où elles allaient se chrysalider, tandis qu'aucune des chenilles velues et *squameuses* de *Lasiocampa Pini* qui se trouvaient dans le même bocal n'a été atteinte. La plus grande épaisseur des téguments et la présence de poils peuvent donc être considérées comme des moyens défensifs contre une invasion parasitaire (1). Nous avons constaté que le Champignon s'est développé en saprophyte sur les rameaux et sur les aiguilles.

ELLOPIA PROSAPIARIA L.

Caractères. — Le *papillon* a les antennes pectinées jusqu'au sommet, les palpes grêles, courts, très écartés, et laissant la trompe à découvert. Les pattes sont grêles, à tibias non renflés. Les ailes sont minces, un peu transparentes, sans dessins en dessous; elles sont d'un carné rougeâtre ou d'un rouge brique pâle, à lignes colorées en dehors. Les supérieures sont traversées par une bande médiane plus foncée que le fond, bordée de blanc grisâtre extérieurement; les inférieures avec une seule ligne blanche correspondant à la plus externe des lignes supé-

---

(1) Voir à ce sujet : Alfred Giard. L'*Isaria densa* (Link) Fries, Champignon parasite du Hanneton commun. Revue scientifique de la France et de la Belgique, 1893.

rieures. Tête, corps et antennes, de la couleur des ailes. Envergure, 34 millimètres.

La variété *Prasinaria* Hub., s'en distingue par sa couleur d'un joli vert pomme plus ou moins foncé et par les lignes qui sont plus blanches que chez le type.

La *chenille* est cylindrique, de couleur grise, ayant, outre les dix pattes complètes, une sixième paire plus courte ou rudimentaire. Elle est munie de petits tubercules trapézoïdaux qui lui donnent un aspect écailleux; la tête porte des taches noires.

Développement. — Il apparaît deux générations par année : l'une en mai, la seconde en juillet, août ou septembre, suivant les localités. On trouve les chenilles de la première génération pendant tout l'hiver, depuis octobre jusqu'au mois d'avril, et celles de la seconde en juin et juillet. La chrysalide conico-cylindrique est d'un brun rouge, luisante, allongée, avec l'abdomen terminé par une pointe noire aiguë, et un double petit crochet. Elle est fixée au milieu des aiguilles du Pin à l'aide de fils de soie formant un tissu très lâche.

Dégâts. — Quoique très commune en Champagne, cette espèce ne paraît pas causer des dégâts bien appréciables. Nous avons recueilli un grand nombre de chenilles à La Veuve, en avril dernier; elles nous ont fourni à la fois le papillon type et la variété *Prasinaria*. Le type se rencontre abondamment à Châlons-sur-Vesle, où M. Tuniot l'a capturé le 17 septembre 1876.

RETINIA BUOLIANA. F.

La Tordeuse du Pin.

Caractères. — Le *papillon* du groupe des Microlépidoptères, mesure de 18 à 20 $^{m/m}$ les ailes étendues; les antennes sont longues et filiformes, blanches; les palpes en forme de bec ainsi que la tête sont recouverts de squamules blanches sur lesquelles les yeux d'un beau noir se détachent parfaitement. Lorsqu'il est au repos sur les jeunes pousses de Pin, avec les ailes disposées en toit, l'Insecte est difficile à apercevoir car les ailes supérieures sont de la même couleur que les bourgeons desséchés ; cette couleur est d'un rouge orangé avec des marbrures blanches ; les ailes inférieures sont d'un brun gris avec la frange blanchâtre.

La *chenille* est d'un brun verdâtre avec la tête noire ainsi que le premier anneau. Sur les autres anneaux il y a de petits tubercules portant chacun un poil, elle est pourvue de trois paires de pattes thoraciques et de cinq paires de fausses pattes abdominales.

Développement. — La femelle dépose ses œufs vers la fin de juin ou le commencement de juillet sur les jeunes bourgeons qui ne doivent entrer en développement que l'année suivante ; la chenille en ronge la partie centrale et s'y établit pour l'hiver, de sorte que dès le début de la végétation, le bourgeon terminal de chaque branche et les bourgeons latéraux disposés en faux verticille qui l'accompagnent sont déjà couverts d'une exsudation de résine.

La présence des parasites n'arrête pas immédiatement le développement de l'arbre : il apparaît de jeunes pousses qui peuvent atteindre jusqu'à 10 et 12 centimètres de longueur, plus grosses et plus longues pour le Pin d'Autriche que pour le Pin sylvestre ; le centre en est creusé d'une galerie qui s'étend presque sur toute la longueur, la chenille en occupant la région la plus élevée ; souvent même au point de jonction de deux pousses voisines la galerie est assez large pour les avoir entamées toutes deux à la fois.

Il arrive parfois que la chenille quitte le bourgeon en partie dévoré pour se retirer à l'intérieur d'un bourgeon voisin où elle se métamorphose après s'en être nourrie quelque temps.

Alors vers la fin de mai ou le commencement de juin la chenille atteint son complet développement, mesurant 8 à 12^{mm} de longueur. Elle tapisse sa galerie d'un tissu soyeux, prépare au sommet du bourgeon un trou de sortie pour le papillon, puis se transforme en une chrysalide de couleur brun clair atteignant environ 12^{mm} de longueur. Les bourgeons attaqués se flétrissent et tombent; l'action du vent déchire en partie quelques-unes des pousses du verticille dont la base interne a été rongée; elles sont ainsi rabattues horizontalement. Par suite de la mort du bourgeon terminal, l'une d'elles le remplace et, par un phénomène que nous appelons *polarité* (1), se redresse verticalement présentant ainsi une courbure très accentuée qu'on pourrait attribuer à l'action du *Cæoma pinitorquum* si l'on n'en avait suivi le développement. La plupart des tiges ou des branches recourbées en S que l'on rencontre si abondamment dans nos plantations n'ont pas d'autre origine.

C'est un fait curieux que cette vie de la chenille dans une atmosphère toujours saturée de vapeurs de thérébenthine, où l'air ne peut se renouveler que difficilement, et où par suite la proportion d'oxygène doit être faible, à cause de l'oxydation continue des produits de sécrétion de l'arbre.

Ce sont les jeunes plantations qui souffrent le plus des attaques du *Retinia*; à La Veuve en particulier, des arbres ayant atteint un mètre de hauteur ne présentent pas un seul bourgeon qui ne soit rongé; chaque année de nouveaux bourgeons adventifs remplacent ceux qui sont détruits, mais ils disparaissent à leur tour, et la flèche du

---

(1) Ch. Simonnet. *De la polarité chez les plantes.* « Bulletin de la Société d'étude des sciences naturelles de Reims », tome IV, p. 63, 1896.

Pin est remplacé par une énorme touffe de rameaux courts dont aucun n'arrive à se développer. Les arbres plus âgés ont moins à souffrir comme si le papillon ne s'élevait jamais à plus de trois à quatre mètres au-dessus du sol.

Dégâts en Champagne. — Les dégâts causés par le *Retinia* en Champagne remontent aux premiers temps de la plantation, car dès 1839, Dagonet (1) constate que sa chenille cause aux jeunes pineraies *un retard d'au moins cinq années*. Des essais avaient même été entrepris de 1835 à 1837 sous la direction du général Tirlet pour arriver à le détruire. Sur 300 hectares de plantations renfermant 425,000 pieds de Pins sylvestres, les bourgeons attaqués furent piqués à l'aide d'une aiguille de manière à atteindre la chenille. 22,312.500 vers furent ainsi détruits, et la dépense s'éleva à 300 francs la première année, 200 francs la seconde et 100 francs la troisième année. En 1838, les *Retinia* avaient presque entièrement disparu, mais Dagonet remarqua qu'ils n'étaient guère plus nombreux dans les plantations voisines. Le fait s'explique facilement par une observation de Bonnefoix, régisseur du général Tirlet, qui put constater que les chenilles renfermaient jusqu'à « vingt petits vivants dans leur ventre ». Il s'agit là évidemment d'Hyménoptères entomophages dont le développement parvint à enrayer momentanément l'invasion des *Retinia*.

Aujourd'hui toutes les plantations de la Marne sont envahies par ce Lépidoptère; à Fère-Champenoise, Sommesous, Nuisement-sur-Coole, Châlons-sur-Marne, Lépine, Bassuet, Bassu, Lisse, Germaine, Châlons-sur-Vesle, Thuisy on en rencontre en abondance dans tous les massifs de Pins sylvestres. Aux environs de Saint-Hilaire-

(1) Bulletin de la Société d'agriculture, commerce, sciences et arts de la Marne, 1839.

le-Grand les dégâts sont insignifiants, mais le fait est purement local, car à La Veuve et Bouy, l'insecte pullule et l'on peut apercevoir du chemin de fer la végétation buissonnante que prennent les arbres, alors que les massifs de Pins d'Autriche conservent des formes bien plus élancées. D'ailleurs à Saint-Hilaire même, les plantations portent encore la marque d'une attaque antérieure, comme en témoignent de nombreuses branches contournées; il est donc probable que la rareté des bourgeons détruits est en rapport avec une invasion récente d'Entomophages.

Là où les deux espèces de Pins se trouvent mélangées, le *Retinia* attaque bien de préférence le sylvestre, mais il dépose également quelques œufs sur le Pin d'Autriche comme nous avons pu le vérifier aux environs de Cernay. Par contre les massifs plantés exclusivement de Pins d'Autriche ne sont nullement attaquées. M. Hickel (1) signale d'ailleurs des faits analogues dans le département de l'Aube.

Moyens de destruction. — Il serait possible, dans les jeunes plantations, de *récolter au mois de mai tous les bourgeons attaqués* qui sont plus ou moins fanés, on détruirait ainsi les chrysalides; mais le procédé n'est pas applicable aux arbres plus élevés. Il est donc indispensable, et d'autres faits nous amèneront à la même conclusion, de substituer partout le Pin d'Autriche au Pin sylvestre dans les plantations nouvelles.

On a signalé de nombreux parasites des *Retinia* appartenant aux trois familles des Ichneumonides, des Braconides et des Chalcidides; trois exemplaires de l'un d'eux sont sortis des boîtes où l'un de nous avait enfermé des bourgeons contenant des chrysalides.

(1). Loc. Cit.

Retinia turionana. Hb.

La Pyrale des bourgeons du Pin

Caractères (1). — Le *papillon* a le dessus des ailes supérieures d'un rouge violâtre foncé, et traversé par une multitude de stries extrêmement fines, d'un blanc bleuâtre, qui s'entrelacent l'une dans l'autre ; le dessous est d'un gris noirâtre luisant. Les ailes inférieures sont grises en dessus et en dessous, avec la frange plus pâle. La tête et le corselet sont de la couleur des ailes supérieures, et l'abdomen participe de celle des ailes inférieures ainsi que les pattes. Envergure, 19^m/^{m}.

La *chenille* est rouge brun, avec les jointures des anneaux plus foncées, et la tête d'un brun luisant. Les anneaux portent des points verruqueux surmontés d'un poil. Longueur, 12^m/^{m}.

Développement. — Le papillon se trouve en juillet et août, parfois même au mois de mai, sur l'écorce du Pin sylvestre dont la couleur se confond tellement avec la sienne qu'on ne l'aperçoit pas.

La chenille a les mêmes mœurs que celle de *Retinia buoliana* ; elle se tient à l'intérieur des bourgeons du Pin qu'elle creuse de manière à se former une loge où elle se change, à la fin d'octobre, en chrysalide d'un rouge brun luisant. Sa présence provoque autour des bourgeons attaqués, une exsudation de résine.

Dégâts. — Cette chenille, et celle de *Retinia buoliana* sont les plus grands fléaux des forêts de Pins, car ce que l'une a épargné est attaqué par l'autre. Nous l'avons recueillie à Cernay en mai dernier en même temps que l'espèce citée, et il n'est pas douteux qu'elle ne se trouve abondamment dans la plupart des plantations. La plupart

---

(1) D'après Treitschke.

des indications que nous avons données au sujet de
R. buoliana pourraient donc s'appliquer ici.

RETINIA RESINANA. Hubn.

La Pyrale des galles du Pin

Caractères. — Le *papillon* a la tête, le thorax et l'abdomen
d'un brun très foncé, avec les pattes grises. Les ailes supérieures sont d'un noir ferrugineux en dessus, avec six bandes
étroites, rapprochées deux par deux, argentées et sinueuses,
formant autant de points argentés le long de la côte. Les
ailes inférieures sont de même couleur, mais un peu moins
foncées, avec la frange grise. Le dessous des quatre ailes est
d'un fuligineux luisant, avec des points jaunâtres le long de
la côte et qui correspondent à ceux du dessus. Envergure,
16 $^m/^m$.

La *chenille* est d'un jaune d'ocre vif avec la tête et le dessus
du premier anneau d'un rouge brun; les autres anneaux
portent des tubercules garnis de poils. En cas de danger, elle
descend le long d'un fil qui lui sert également à remonter.

Développement. — Le papillon paraît en mai ou juin et la
femelle dépose ses œufs sur les jeunes pousses du Pin; au
bout de huit jours la jeune chenille éclot et pénètre dans les
jeunes pousses juste au-dessous d'une verticille de bourgeons.
Elle provoque ainsi un écoulement de résine formant une
sorte de fausse galle de la grosseur d'une cerise au bout d'une
année. La chenille habite cet amas de résine et atteint son
maximum de développement en octobre; sa longueur est
alors de 8$^m/^m$; elle s'enveloppe alors d'un tissu blanc serré
dans lequel elle se chrysalide au printemps suivant. La
chrysalide, d'abord jaunâtre, passe du brun au noir, moins
l'abdomen qui reste brunâtre.

De nombreux Ichneumonides s'attaquent à la chenille.

Nous n'avons pas encore observé cet insecte sur les Pins
de notre région.

COCCYX COMITANA. H. V.

Caractères. — Le *papillon* a les ailes supérieures d'un noir de
suie, traversées obliquement par trois doubles lignes argentées, l'une près de la base, l'autre au milieu et la troisième

près du bord terminal. Cette dernière est interrompue au milieu et forme comme deux taches, l'une contiguë à la côte, et l'autre à l'angle anal ; une troisième tache semblable se voit près de l'angle apical, ainsi qu'un point au milieu du bord interne. Enfin la frange, de la même couleur que le fond de l'aile, est coupée par deux petites lignes argentées. Les ailes inférieures sont d'un gris cendré, avec la frange plus claire. Le dessous des quatre ailes est du même gris, avec la côte des supérieures ponctuée d'un blanc jaunâtre. La tête et le thorax sont de la couleur des ailes supérieures et l'adomen de celle des inférieures. Le dessus du corps est d'un gris jaunâtre ainsi que les pattes. Envergure, 12^m/^{m}.

Nous avons récolté le papillon à Chamery le 17 mai dernier.

GRAPHOLITA STROBILANA. Hubner

La Pyrale des Cônes

Caractères [1]. — Le *papillon* a la tête et le corps ainsi que les antennes d'un gris brun ; les pattes et le dessous de l'abdomen sont d'un gris plus clair. Les ailes supérieures sont d'un gris luisant, un peu olivâtre, traversées par deux bandes argentées, l'une au centre et l'autre un peu plus loin en se rapprochant du bord terminal. Ces bandes forment chacune un angle arrondi dans le milieu de leur longueur, et se subdivisent en plusieurs lignes qui s'anastomosent avant d'aboutir au bord interne. Entre la deuxième bande et l'angle apical, on voit sur le bord de la côte plusieurs points ou plutôt plusieurs rudiments de lignes obliques d'un argent plus brillant que les bandes. Près de l'angle anal et tout contre la frange sont placés deux ou trois petits points noirs qui ne sont bien visibles qu'à la loupe. La frange est de la couleur des ailes et séparée du bord terminal par un liseré d'argent. Le dessous est d'un gris foncé uniforme avec quelques points

____

(1) D'après Godart et Duponchel.

blancs le long de la côte. Les ailes inférieures sont d'un gris plus roussâtre sur les deux surfaces, avec la frange plus claire. Envergure, 11^m/^{m}; longueur, 5^m/^{m}.

La *chenille* est d'un jaune sale, quelquefois brune ou d'un gris d'ardoise, avec la tête brune et la face ventrale couleur de chair. Elle porte sur les anneaux des points verruqueux garnis chacun d'un poil. Longueur, 12^m/^{m}.

Développement. — Le papillon apparaît vers les premiers jours de juillet, la femelle dépose ses œufs sur les cônes encore verts formés l'année précédente; les chenilles pénètrent à l'intérieur des cônes où on les trouve en automne. Quand l'une d'elles a mangé une graine, elle se retire dans son intérieur et s'y repose avant d'en entamer une autre.

Ce n'est qu'au mois de juin de l'année suivante qu'elle se fabrique à l'intérieur du fruit une coque blanche de forme ovale dans laquelle elle se transforme en chrysalide quatre jours après. Cette chrysalide, longue de 8^m/^{m}, est d'abord jaunâtre, puis brune, et enfin noire. Le papillon en sort après vingt à vingt-quatre jours.

Nous l'avons trouvé à Châlons-sur-Vesle, le 21 Juin 1896. Duponchel l'indique du nord de l'Allemagne et du midi de la France.

GRAPHOLITA COSMOPHORANA. Treits.

Caractères. — Le *papillon* a la tête, les antennes, le corps et les pattes noirâtres. Les ailes supérieures sont d'un noir mat en dessus, avec la côte de chacune d'elles marquée de cinq petites lunules d'argent. Les deux premières de ces lunules donnent naissance à deux lignes également argentées qui traversent l'aile en formant un peu le coude. Entre la deuxième ligne et le bord terminal, on aperçoit l'écusson anal, légèrement doré et strié de noir. La frange, un peu plus claire que le fond, est précédée d'un liseré très noir. Les ailes inférieures sont du même noir que les supérieures, avec la frange grise. Le dessous des quatre ailes est d'un gris luisant, avec la côte semblable au dessus. Envergure, 10 à 11^m/^{m}.

La *chenille* vit sous les écorces, dans les amas de résine où se rencontre également *Retinia resinana*. L'un de nous a récolté le papillon à Châlons-sur-Vesle le 21 juin 1896.

Dans le clos de la ferme Demaison, faubourg Cérès, M. L. Demaison trouve très fréquemment au printemps, voltigeant autour des Epicéas, le *Grapholita tedella* El., dont la chenille vit sur cet arbre.

Nous ne donnerons pas la description de cette espèce qui n'a pas été trouvée sur les Pins, nous l'indiquons seulement comme espèce non encore signalée en Champagne, et même par M. Jourdheuille, dans son Calendrier microlépidoptérologique.

PENTHINA HARTMANNIANA. L.

Caractères. — La tête et le thorax du *papillon* sont d'un gris noirâtre et l'abdomen gris cendré, avec le dessous du corps blanchâtre ainsi que les pattes. Les ailes supérieures sont d'un blanc sale, avec le bord interne et une tache costale noirâtres; cette tache presque triangulaire est plus foncée dans sa partie inférieure que dans sa partie supérieure. En dessous d'elle, en se rapprochant du bord interne, on voit un petit trait oblong, bleuâtre, entouré de blanc. Le reste de l'aile, depuis la tache jusqu'à la base, est parsemé d'atomes gris et de quelques petits points noirs. Les ailes inférieures sont d'un gris cendré avec la frange blanchâtre. Le dessous des quatre ailes est d'un gris roussâtre luisant, plus foncé aux supérieures qu'aux inférieures. Envergure, 18^m/^{m}.

Jourdheuille indique la *chenille* entre les aiguilles des Pins et la chrysalide en terre; le papillon se montre en juillet et août; Duponchel l'indique aussi comme ayant été trouvé abondamment sur le tronc des saules aux environs de Paris.

TABLEAU

pour la détermination des principales espèces de chenilles nuisibles aux

Pins de Champagne.

Chenilles de grande taille s'attaquant aux aiguilles.	3 paires de pattes thoraciques et cinq paires de pattes abdominales	Une corne noire sur l'avant dernier anneau	*Sphinx Pinastri.*
		Deux touffes de poils bleu d'acier en arrière de la tête	**Lasiocampa Pini**
		Une tache cordiforme noire sur le deuxième anneau ; tubercules bleus et rouges hérissés de poils	*Liparis monacha.*
		Chenille vert foncé avec 9 raies longitudinales, les 7 dorsales blanches, les latérales rouge ferrugineux. . . .	*Trachea piniperda.*
	Trois paires de pattes thoraciques et deux paires de pattes abdominales. (Arpenteuses)	Chenille grise, avec petits tubercules lui donnant un aspect écailleux. Une 6ᵉ paire de pattes rudimentaires . . .	*Ellopia prosapiaria*
		Chenille verte avec lignes longitudinales, la dorsale blanche, les latérales jaunes et dans l'intervalle 3 sous-dorsales très fines paraissant confondues	**Fidonia Piniaria.**
Chenilles de petite taille vivant dans les bourgeons, les cônes où les amas de résine.	Dans les jeunes pousses	Chenille brune à tête noire.	**Retinia buoliana**
		Chenille rouge brun avec la tête brun luisant	**Retinia turionana**
	Dans les amas de résine	Formant une fausse galle à la base d'un verticille de jeunes pousses . .	*Retinia resinana.*
		Sous l'écorce	*Grapholita cosmophorana.*
	Dans les cônes . . . . , . . .		*Grapholita strobilana.*

Nous avons passé en revue les Lépidoptères qui vivent sur les Pins et s'en nourrissent spécialement. Nous avons recueilli sur les mêmes arbres quelques espèces qui se rencontrent habituellement sur d'autres plantes; cet habitat accidentel mérite d'être signalé, surtout lorsque les chenilles se sont nourries sur les arbres verts. Nous indiquons d'après Berce les plantes sur lesquelles la chenille vit ordinairement.

Thecla W. *album* Ill. vit sur l'orme.

Zygœna Filipendulœ. L. vit sur le Trèfle et les petites Légumineuses. Nous avons récolté une chenille en battant les Pins sylvestres à Cernay le 20 mai; elle s'est chrysalidée le lendemain sans avoir pris de nourriture; deux chrysalides ont été trouvées sur les aiguilles, l'une à Saint-Hilaire en juillet, l'autre à Bassuet le 10 septembre.

Orgya gonostigma. Fabr. vit sur le Chêne, l'Aulne, le Prunier, etc. Une chenille trouvée sur les Pins à Châlons-sur-Vesle le 28 mai a fait sa chrysalide parmi les aiguilles, et le papillon est éclos le 8 juin.

Hepialus sylvinus. L. Le *papillon* se trouve à la lisière des bois.

Bombyx quercus. L. vit sur le Chêne. Une chenille trouvée sur les Pins sylvestres à Fère-Champenoise a été nourrie avec les chenilles de *Lasiocampa Pini*, s'est chrysalidée, et l'éclosion a eu lieu le 8 juillet. Une autre chenille trouvée sur les mêmes arbres le 28 mai à Châlons-sur-Vesle, s'est également nourrie d'aiguilles de Pins et a donné le papillon le 18 juillet. Ces deux exemplaires étaient des femelles.

Tæniocampa incerta. Hubn., sur le Chêne et l'Aubépine.

Tæniocampa cruda, W., sur l'Orme et le Tilleul.

Heliodes tenebrata. Scop., sur Cerastium arvense.

Herbula cespitalis. S. V., dans les endroits herbus.

Eupisteria obliterata. Hubn., vit sur l'Aulne.

Acidalia humiliata. Hubn. Chenille polyphage.

Taphrina murinaria. Fabr., sur la Luzerne et les Vicia.

Minoa murinata. Fabr., sur les Euphorbes.

Melanippe sociata. Bkh.

Camptogramma bilineata. L., dans les champs de Graminées.

COLÉOPTÈRES

Les Coléoptères qui vivent en Champagne dans les plantations des Pins, se divisent en deux sections, car les uns sont des insectes nuisibles et quelques espèces mêmes causent des dégâts considérables ; les autres au contraire nous sont utiles puisqu'ils vivent aux dépens des premiers, poursuivant leurs larves dans les galeries qu'elles se sont creusées ou dévorant les nombreux Pucerons qui vivent aux dépens des Pins.

Espèces nuisibles aux Pins.

STERNOXES . . .	*Melanotus castanipes,* Payk. *Limonius parvulus,* Panz. *Athous hœmorrhoïdalis,* Fabr. *Corymbites holosericeus,* Fabr. *Agriotes aterrimus,* Linné. *Cardiophorus nigerrimumums,* Erich.
TÉRÉDILES . . .	*Dryophilus pusillus,* Gyll. *Ernobius Pini,* Sturm. — *Abietis,* Fabr. *Ptinus dubius,* Sturm.
DIAPÉRIDES. . .	*Hypophlœus linearis,* Fabr.
TÉNÉBRION.DES .	*Cistela murina,* L. *Helops lanipes,* L. *Salpingus castaneus,* Panz.
CURCULIONIDES .	*Otiorhynchus picipes,* Fabr. *Peritelus griseus,* Oliv. *Metallites iris,* Oliv. *Polydrosus cervinus,* Linné. — *undatus,* Fabr. *Strophosomus obesus,* Marsh. *Hylobius Abietis,* Linné. *Pissodes notatus,* Fabr. *Magdalinus memnomius,* Gyl. — *phlegmaticus,* Herbst. — *linearis,* Gyll. — *rufus,* Germ. — *duplicatus,* Germ. *Anthonomus varians,* Payk. *Brachonyx indigena,* Herbst. *Apion Pisi,* Fabr. — *elegantulus,* Germar. *Diodyrhynchus austriacus,* Oliv. *Cimbris attelaboides,* Fabr.

XYLOPHAGES . .

Hylastes ater, Payk.
— *cunicularius*, Erich.
— *attenuatus*, Erich.
— *opacus*, Erich.
Hylurgus ligniperda, Fabr.
Blastophagus Piniperda, Linné.
Crypturgus pusillus, Gyll.
Cryphalus Abietis, Ratzb.
Tomicus sexdentatus, Bœrner.
— *Laricis*, Fabr.
— *bidentatus*, Herbst.

LONGICORNES. .

Spondylis buprestoïdes, Linné
Asemum striatum, Linné.
Tetropium luridum, Linné.
Astynomus œdilis, Linné.
— *atomarius*, Fabr.

PHYTOPHAGES .

Cryptocephalus Pini, Linné.
Luperus Pinicola, Dufl.
Graptodera oleracea, Linné.

Espèces utiles, carnassières, au moins à l'état de larves.

CARABIQUES. . .

Demetrias atricapillus, Linné.
Dromius agilis, Fabr.
— var. *senestratus*, Fabr.
— *4-notatus*, Panz.

MALACODERMES.

Malachius bipustulatus, Linné.
— *marginellus*, Fabr.
Dasytes plumbeus, Oliv.

TÉRÉDILES . . .

Haploenemus virens, Suffr.
Thanasimus formicarius, Linné.
Adalia livida, De Geer.

COCCINELLIDES .

Harmonia marginepunctata, Schl.
Coccinella variabilis, Fabr.
— *hieroglyphica*, Linné.
— *7-punctata*, Oliv.
— *labilis*, Muls.
Anatis ocellata, Linné.
Mysia oblongoguttata, Linné.
Halysia 16-guttata, Linné.
Vidibia 12-guttata, Poda.
Calvia 14-guttata, Linné.
Myrrha 18-guttata, Linné.
Propylea 14-punctata, Linné.
Exocomus 4-pustulatus, Linné.
Rhizobius litura, Fabr.
Scymnus nigrinus, Kugel.
— *suturalis* Thunb.

FAMILLE DES STERNOXES

Les *Sternoxes* que nous avons trouvés sur les Pins ne sont pas spéciaux aux arbres verts ; ils se rencontrent aussi sur le Chêne et d'autres essences, mais ils ne leur sont pas réellement nuisibles, car leurs larves s'attaquent aux vieilles souches, et les insectes parfaits se trouvent sur les fleurs, les taillis et toutes sortes d'arbres ; ce sont ces insectes qui sont connus vulgairement sous le nom de Toque-Maillets ou Taupins. Lorsqu'ils sont sur le dos, ils font parfois des sauts assez élevés au moyen de la pointe du prosternum, qui entre dans la fossette antérieure du mésosternum ; l'insecte relevant la partie antérieure du corps, la pointe du prosternum fait ressort et produit le saut dont les enfants s'amusent. Nous en avons récolté six espèces :

Melanotus castaneipes, Payk, Châlons-sur-Vesle (A. R.).
Limonius parvulus, Pasz, Germaine, Châlons-sur-Vesle (A. C.)
Athous hœmorhoïdalis, Fabr., Partout (T C.).
Corymbites holosericeus, Fabr., Partout (A. C.).
Agriotes aterrimus, Linné, Châlons-sur-Vesle (A. R.).
Cardiophorus nigerrimus, Erich, Châlons-sur-Vesle (R.).

La description de ces espèces serait superflue, puisqu'elles ne sont considérées comme nuisibles que d'une façon très relative.

FAMILLE DES TÉRÉDILES

Parmi les *Térédiles*, nous n'avons trouvé, aux environs de Reims, que trois espèces d'*Anobium* et un *Ptinus*. Ces insectes ne font pas grand dommage aux Pins et leurs larves ne s'attaquent guère qu'aux branches mortes ou aux troncs des arbres morts ; ils ne font pas mourir les arbres, mais ils diminuent la valeur du bois en le perforant dans tous les sens.

Dryophilus pusillus, Gyl. — Corps cylindrique, noir, de 2 $^{m}/^{m}$ de long, tête penchée, légèrement enfoncée dans le prothorax ; antennes longues, roussâtres ; pronotum coupé presque carrément en avant, un peu plus étroit que les élytres.

Un seul exemplaire trouvé à Rilly.

Liozoum Pini, Sturm. — Corps d'un brun foncé de 3 $^{m}/^{m}$ de longueur. Les antennes longues sont terminées par trois articles plus longs et plus épais.

Quelques exemplaires récoltés à Bazancourt en battant les Pins.

Liozoum Abietis, Fabr. - Corps d'un marron fauve; antennes un peu moins longues que le précédent, 4 ᵐ/ᵐ.

De nombreux exemplaires ont été recueillis par M. Ch. Demaison dans le bois d'un Pin abattu dans la ferme de M. Demaison père, près des caves Pommery.

PTINUS DUBIUS. Sturm.

Corps testacé marron; antennes très longues, à articles presque égaux. Longueur, 2 ᵐ/ᵐ.

Trouvé dans les chatons du Pin sylvestre à Thuizy, Châlons, sur-Vesle, et sur les Pins du canal, près du pont de Saint-Brice.

Éd. Perris, dans son *Supplément aux Coléoptères* des Insectes *du Pin maritime* (1862, Annales de la Soc. Ent. de France) donna sur ce Ptinus un long article, dont j'extrais ce qui suit : « Le *P. dubius* pond au mois de mai ses œufs dans les chatons (du Pin maritime). Les larves, dès leur naissance, s'enfoncent au milieu des petites masses de pollen et se nourrissent de cette substance, qui paraît avoir des propriétés alimentaires assez marquées, car leur développement est rapide. Il faut qu'il en soit ainsi, car les chatons ne sont pas d'une contexture assez solide pour résister longtemps aux intempéries, et les larves qui n'auraient pas subi leurs métamorphoses avant l'hiver tomberaient à terre par suite de la ruine de leur berceau, ce qui rendrait leur existence bien chanceuse. La nature, toujours sage dans ses desseins et conséquente dans ses vues, a voulu prévenir ces dangers.

Lorsque la larve a acquis tout son développement, elle agglutine, à l'aide d'une liqueur plutôt mucélagineuse que soyeuse, des détritus et des grains de pollen pour en former une coque ellipsoïdale dans laquelle, après quelques jours d'immobilité, elle se transforme en nymphe. L'insecte parfait éclôt dès le mois d'août. »

FAMILLE DES TENEBRIONIDES

CISTELA MURINA. Linné.

L'insecte parfait, très agile, possède de grandes antennes et des pattes assez longues; le corps est oblong, avec les élytres jaunes, la tête et le corselet noirâtres. Les larves vivent dans les bois pourris et vermoulus et s'y tranforment.

Commun sur les Pins en juin et juillet, mais se trouve également sur la plupart des arbres.

HELOPS LANIPES. L.

Caractères. — *L'insecte parfait* mesure 10 à 15 millimètres ; son corps est allongé, convexe, d'un bronzé brillant en dessus ; le prothorax est arrondi sur les côtés, densément ponctué, élytres rétrécies et sinuées avant l'extrémité qui se prolonge en lobe divergent à lignes finement ponctuées et à intervalles plans très finement ponctués.

Les *larves* des *Helops* vivent généralement à la racine des arbres ; le docteur Jolicœur les indique même comme ayant rongé la partie médullaire des racines de vigne ; en est-il de même pour la racine des Pins ? Les observations de ce genre ne sont pas faciles, car il faudrait pouvoir suivre l'opération de l'arrachage des arbres dont les racines seraient attaquées par les larves d'*Helops*, et les entomologistes ne sont pas toujours présents au moment opportun.

Les *larves d'Helops* arrivées à leur complet développement mesurent environ 28 à 30$^{m/m}$ de longueur ; le corps est d'un jaune clair luisant, couvert de poils sur les côtés ; les mandibules sont robustes et noires ; les antennes et les palpes sont grêles et d'un jaune pâle ; le premier anneau du corps un peu plus long que les suivants, les deux avant-derniers sont couverts de petits points assez rapprochés, le dernier anneau très court est terminé carrément et muni à ses angles latéraux de crochets acérés et courbés vers la tête ; les pattes sont courtes et terminées par un ongle noir et aigu.

La *nymphe* est d'un blanc jaunâtre uniforme, la tête est repliée sur le thorax ; tous ses anneaux offrent une pointe sur chacune des parties latérales ; seul le dernier anneau porte ses pointes à l'extrémité. Longueur : 15 à 20 millimètres.

HELOPS STRIATUS. Fourcroy.

Je n'ai pas encore trouvé cette espèce en Champagne ; elle est commune cependant aux environs de Paris au pied des Pins et dans les fentes des écorces ; elle est indiquée par Godron (*Zoologie de la Lorraine*, 1863) sur le *Pinus sylvestris*, dans les Vosges et à Verdun, et je l'ai trouvée à Forbach (Moselle) et dans la forêt de Bade sur les grès vosgiens ; il ne serait pas impossible qu'on la retrouve dans nos environs. Elle est bien plus petite que *H. lanipes* et ne mesure que 8 a 10^m/^{m} de longueur.

SALPINGUS CASTANEUS. Panzer.

Corps brun marron luisant, couvert d'une ponctuation fine ; élytres à stries ponctuées ; longueur, 3^m/^{m}.

Les *Salpingus* à l'état larvaire vivent sous les écorces ; mais les insectes parfaits fréquentent les fleurs et les bourgeons des Pins. On ne peut leur reprocher aucun dégât et du reste ils sont assez rares. Nous en avons capturé à Rilly, Trépail et Fère-Champenoise.

FAMILLE DES CURCULIONIDES

Les *Curculionides*, si nombreux en espèces nuisibles aux végétaux, sont largement représentés sur nos Pins. Ce sont des insectes dont la tête est plus ou moins prolongée en bec ou rostre ; leurs tarses sont composés de quatre articles ; les antennes sont coudées à partir du deuxième article et le premier qui est long se loge dans un sillon latéral du rostre, il prend le nom de scape. Cependant les groupes des Rhinomacérides et des Apionides font exception, leurs antennes ne sont pas coudées.

OTIORHYNCHUS PICIPES. Fabr.

L'insecte parfait est brun avec des poils roussâtres, le corselet est granuleux, les élytres striées assez fortement. Longueur, 7 à 8 ^{m}/^{m}.

Les larves vivent sur les racines, qu'elles creusent de sillons assez profonds, puis arrivées au terme de leur croissance, elles s'enferment dans une loge ovale en terre pour se transformer en nymphes. L'insecte éclôt au printemps et se porte sur les bourgeons.

Commun sur les Pins aussi bien que sur d'autres essences.

PERITELUS GRISEUS. Oliv.

Gris avec des poils blanchâtres; longueur, 5 $^{m}/_{m}$. Mêmes mœurs que le précédent. Se trouve sur un grand nombre de plantes.

Metallites iris. Oliv. — 4 $^{m}/_{m}$.
Polydrosus cervinus. Oliv. — 5 $^{m}/_{m}$.
Polydrosus undratus. Fabr. — 5 $^{m}/_{m}$.
Strophosomus obesus. Marsh. — 5 à 6 $^{m}/_{m}$.

Ces quatre petites espèces de Curculionides se trouvent sur le Chêne, le Noisetier et d'autres arbustes; sur les Pins où on les rencontre aussi, ils ne peuvent faire que peu de dégâts.

HYLOBIUS ABIETIS. Linné.

Le grand Charançon brun.

Caractères. — Longueur, 8 à 10 $^{m}/_{m}$. Couleur brune avec des bandes de poils roux. Antennes coudées, insérées près de la bouche; Rostre arqué et assez gros. La larve est arquée, d'un blanc jaunâtre, avec la tête écailleuse et brune; elle est apode et glabre.

Développement. — Les insectes parfaits apparaissent à la fin de mai ou au commencement de juin; après l'accouplement la femelle dépose ses œufs dans l'écorce des souches de Pin et d'Epicea, et assez rarement sur les arbres à feuilles caduques; les petites larves se creusent des galeries dans l'écorce et dans le bois des souches vers les racines, et lorsqu'à l'automne elles sont arrivées au terme de leur croissance, elles se changent en nymphes et passent l'hiver à cet état pour se transformer en insectes parfaits vers le mois d'avril; mais le nouvel insecte a besoin d'un temps assez long pour prendre sa consistance et ses couleurs définitives, et ce n'est qu'à la fin de mai qu'il sort de la coque où il avait passé l'hiver.

Dégâts. — Quoique cet insecte ne soit pas rare en Champagne il n'en existe pas assez pour faire de grands ravages, mais il n'en est pas de même dans d'autres pays. D'après M. Kunckel d'Herculais, on a capturé en Saxe, en 1855, 6,703,745 *Hylobius* et 7,043,376 en 1874. L'insecte s'attaquait non seulement aux vieilles souches mais aussi aux pousses terminales des arbres verts.

Pour arriver à les capturer, on dépose à terre des fagots de branches de Pins abattus ou des tas d'écorces qui servent d'appâts aux *Hylobius ;* tous les matins on visite ces tas et on recueille en grand nombre les insectes qu'on met dans un sac pour les écraser et les jeter ensuite dans une fosse. Les Carabes de la forêt viennent se repaître de cette pâtée ; il paraît même que ces insectes carnassiers mangent aussi les insectes vivants qu'ils peuvent rencontrer.

L'arrachage des souches des arbres abattus est à recommander ; la main-d'œuvre serait à peu près compensée par le bois de chauffage.

PISSODES NOTATUS. Fabr.

Le petit Charançon brun.

Caractères. — Longueur, 6 à 7$^{m/m}$. Couleur d'un brun rougeâtre, avec des points blanchâtres sur le thorax ; les élytres sont striées et portent deux bandes transversales formées de poils jaunes et blancs. Le rostre est arqué et cylindrique avec les antennes insérées vers le milieu.

Développement. — L'insecte parfait se montre en mai et juin et attaque les jeunes Pins dont il perfore les pousses nouvelles ; comme le précédent il dépose ses œufs sous les écorces, mais loin de rechercher les souches et les Pins morts, il pond plutôt sur les arbres jeunes, dans les plaies voisines des verticilles inférieurs. Les larves qui éclosent se creusent des galeries qui vont en s'élargissant au fur et à mesure de leur croissance, puis vers l'automne elles se construisent à l'extrémité de ces galeries une coque formée de débris de bois et s'y métamorphosent en nymphes. Si les froids sont tardifs, l'insecte parfait sort de sa prison la même année ; sinon la nymphe passe l'hiver engourdie dans sa coque et l'insecte ne se montre qu'au printemps suivant.

Ce Curculionide est plus nuisible et plus commun que le précédent ; *l'écorçage des arbres malades et l'arrachage des souches paraissent être les seuls moyens pratiques de lutter contre sa propagation.*

MAGDALINUS MEMNOMIUS. Gyll.

Longueur, 6 à 7^{m}/^{m} oblong, d'un noir assez brillant ; rostre de la longueur du prothorax, très cylindrique et fortement arqué ; antennes insérées avant le milieu ; élytres deux fois et demie aussi longues que le prothorax, à stries profondes formées de points disposés en rectangle.

D'après Perris, la larve se creuse une longue galerie dans le canal médullaire des pousses d'un an.

J'ai trouvé cette espèce sur le Pin sylvestre et surtout sur le Pin noir d'Autriche où il est plus commun, à Rilly, Châlons-sur-Vesle. A Bazancourt, lors de l'excursion de la Société d'histoire naturelle de Reims, en juin 1897, les élèves de l'Ecole pratique d'agriculture de Rethel, sous la conduite de leur professeur, M. Pigeot, ont trouvé dans une jeune plantation de Pins d'Autriche 60 à 80 individus de *M. carbonarius* sur les pousses terminales de ces arbres. C'étaient peut-être des femelles occupées à déposer leurs œufs sur ces pousses.

MAGDALINUS LINEARIS. Gyll.

Longueur, 4 ^{m}/^{m}. Noir comme le précédent, auquel il ressemble beaucoup, mais plus petit et beaucoup plus étroit et allongé ; élytres plus légèrement striées. Un exemplaire trouvé à Fère-Champenoise et un autre à Châlons-sur-Vesle.

Magdalinus phlegmaticus. Herbst.

Longueur, 5 $^{m}/^{m}$. D'un bleu clair, oblong allongé; yeux subglobuleux très saillants; rostre faiblement arqué, cylindrique; prothorax peu convexe, un peu plus long que large et rétréci en avant; élytres avec des stries peu profondes, formées de points en carrés longs rapprochés. Pontfaverger, Ludes, Thuisy, Châlons-sur-Vesle, mais rare partout.

Magdalinus rufus. Germ.

Longueur, 3 à 5 $^{m}/^{m}$. — Entièrement d'un ferrugineux assez clair en dessus, oblong; élytres à stries fines formées de points oblongs peu rapprochés. Trouvé à Cernay et à Châlons-sur-Vesle, dans les chatons du Pin sylvestre. Sa couleur le rend difficile à distinguer parmi les débris des chatons du Pin, avec lesquels on le confond lorsqu'il est immobile.

Magdalinus duplicatus. Germ.

Longueur, 3 à 5 $^{m}/^{m}$. D'un bleu foncé quelquefois verdâtre, oblong peu allongé; yeux non proéminents; rostre cylindrique assez fortement arqué; élytres plus larges à la base que le prothorax avec les stries bien marquées formées de points en carré long, très rapprochés. Pontfaverger, Germaine, Châlons-sur-Vesle, Chamery; assez commun.

Par leur genre de vie, tous les *Magdalinus* sont nuisibles aux Pins, dont les larves font périr les bourgeons en dévorant leur partie centrale; leur petite taille ne permet guère de les poursuivre; heureusement ils ne se montrent jamais très abondants.

Anthonomus varians. Payk.

Longueur, 4 $^{m}/^{m}$. Entièrement d'un rouge testacé, sauf le dessous du corps et la tête; le rostre très cylindrique, non courbé, aussi long que la tête et le prothorax, est tantôt rouge, tantôt noir; élytres à stries bien marquées, à ponctuation régulière assez forte. Sa couleur ressemble tellement à celle des fleurs mâles du Pin que l'insecte est difficile à voir.

Les larves des Anthonomes en général sont nuisibles aux arbres fruitiers, et les femelles pondent généralement dans la fleur des Pommiers, Poiriers, Pruniers, etc. Lorsque les larves ont dévoré ces fleurs, elles tombent à terre où elles se transforment. Il en est sans doute de même pour l'Anthonome des Pins dont la larve doit vivre dans les fleurs de Pin sylvestre.

Une espèce presque semblable et vivant aussi sur les Pins existe dans les Pyrénées.

Brachonyx Pineti. Payk.

Longueur, 3 $^m/_m$. Ce petit Curculionide est cylindrique et, comme le précédent, d'un rouge testacé recouvert d'un duvet blanc intense en dessous du corps et de poils blancs sur le corselet et les élytres, qui sont striées ; le rostre et les yeux sont noirs. Il est commun sur les Pins sylvestres à Germaine, Ludes, Verzy, Trépail, Thuisy, mais sa petite taille et sa couleur le rendent difficile à apercevoir. Sa larve se tient entre deux feuilles qui subissent un arrêt de développement et restent accolées.

Apion elegantulus. Germ. — Apion Pisi. Fabr.

Nous signalons ces deux espèces que nous avons trouvées abondamment sur les Pins, la première à Fère-Champenoise et la seconde à Châlons-sur-Vesle, quoiqu'on ne puisse les considérer comme parasites de ces arbres. On sait en effet que *A. elegantulus* vit sur *Trifolium medium* et *Tr. pratense*, tandis que *A. Pisi* s'attaque à *Vicia sepium*.

Cimberis attelaboides. Fabr.

Longueur 3 $^m/_m$ 1/2 à 4 $^m/_m$ 1/2. Corps oblong, noir luisant, recouvert d'une pubescence grise ; rostre élargi au bout ; prothorax aussi long que large ; élytres ponctuées, ♂ tibias antérieurs courbés en dedans ; quatre derniers articles des antennes hérissés de pubescence blanche touffue ; ♀ tibias antérieurs droits sur leurs deux premiers tiers ; 3ᵉ et 4ᵉ segments ventraux ornés au milieu d'une bande de poils jaunes épais, disposés en franges.

Sur les fleurs mâles du Pin sylvestre (avril, mai et juin).
Ludes, Pontfaverger, Thuisy, Germaine, Trépail, Courtagnon, Châlons-sur-Vesle, Cernay.

Les larves vivent dans les chatons et se transforment en terre ; Perris n'a donné que le dessin des mandibules de la larve.

DIODYCORRHYNCHUS AUSTRIACUS. Oliv.

Longueur 3 ^{m}/^{m} 1/2 à 4 ^{m}/^{m} 1/2. Corps oblong subcylindrique, testacé pâle passant quelquefois au brun, finement pubescent ; rostre long et grêle ; prothorax court ; élytres ponctuées, ♂ rostre courbé ; pronotum large, bombé, sillonné sur la ligne médiane ; ♀ rostre droit.

Comme la précédente, cette espèce vit sur les fleurs mâles du Pin sylvestre ; elle a le même genre de vie et se trouve au même moment ; cependant elle est un peu plus rare ; je l'ai de Ludes, Germaine, Pontfaverger.

Jacquelin du Val, dans son *Genera des Coléoptères d'Europe*, à propos de cette espèce et de la précédente, (*Cimberis* (*Rhinomacer*) *attelaboïdes et Diodyrhynchum austriacus*), a inscrit ce qui suit :

« Schœnherr et Redtenbacher ont placé dans deux genres différents les deux insectes qui constituent ce genre, et qui, d'après les Allemands, doivent appartenir à la même espèce ; ayant, autant que je l'ai pu du moins par trois dissections, confirmé cette dernière opinion, j'ai cru devoir l'adopter. »

Quelques années plus tard, dans la séance du 11 février 1857 de la Société entomologique de France, le même auteur rectifiait ainsi l'erreur dans laquelle il était tombé, à son grand regret :

« J'avoue que ma perplexité fut grande lorsque je dus opter entre l'opinion de Schœnherr et celle du catalogue de Stettin ; d'une part, en effet, l'auteur du grand ouvrage sur les Curculionides me disait avoir connu le mâle et la femelle du *Diodyrhynchus* et du *Rhinomacer* ; de l'autre, le catalogue de Stettin que l'on regarde comme représentant l'opinion de la majorité de la Société entomologique de Stettin, réunit par accolades les deux espèces et marque du signe femelle le *Diodyrhynchus austriacus*.

» Le hasard me servit mal dans mes dissections qui portèrent sur un trop petit nombre d'exemplaires, et je dus à regret, ne pouvant penser que l'on eût agi sans raison dans le catalogue cité, adopter une opinion qu'au fond j'hésitais beaucoup à croire exacte. Ayant pris une grande quantité de *Rhinomacer attelaboïdes* au printemps dernier, et n'ayant pas rencontré un seul *Diodyrhynchus austriacus*, la question me revint en mémoire et je résolus de l'élucider. Les dissections d'un bon nombre d'individus me prouvèrent irrévocablement qu'il existait dans le *Rhinomacer attelaboïdes* des mâles et des femelles, et je reconnus par conséquent que le catalogue de Stettin m'avait induit en erreur ; bien plus, je recherchai dans les parties extérieures des caractères sexuels et je reconnus avec la plus vive satisfaction qu'il en existait de notables.

» J'ai cru devoir insérer cette note, à cause de son intérêt d'abord, et d'autre part, parce que M. Perris, dans son beau travail sur les insectes du Pin maritime, adopte aussi à tort la réunion en une espèce, ce qui m'a surpris et même décidé à vérifier à nouveau les caractères ci-dessus. Je crois, du reste, que la larve qu'il a décrite appartient au *Diodyrhynchus*. »

M. Perris, dans son supplément à son travail sur les insectes du Pin maritime (1862), revient naturellement sur cette question et je transcris ses observations :

« Cet insecte (le *Diodyrhynchus* (*Cimberis*) *attelaboïdes*) est une preuve de la facilité avec laquelle une erreur se propage. Je m'étais depuis longtemps habitué à consi-

dérer comme des espèces de genres différents le *Rhinomacer attelaboïdes* et le *Diodyrhynchus austriacus;* mais
tout à coup le catalogue de Stettin, qui a une certaine
autorité, présenta ces deux insectes non seulement comme
du même genre, mais encore comme étant le *Rhinomacer*
le mâle et le *Diodyrhynchus* la femelle de la même espèce.
Bien plus, mon savant ami, M. Jacquelin du Val, dans son
Genera, déclarait adopter cette opinion, après l'avoir
vérifiée par trois dissections. Je m'y rangeai aussi sans
examen, ayant encore moins d'intérêt que M. du Val à la
contredire, puisque mon travail concerne plutôt les larves
que les insectes parfaits.

» J'aurais pu cependant me méfier de quelque chose, et
n'ayant jamais trouvé ici le *Diodyrhynchus austriacus*,
il était assez naturel que je me livrasse, comme l'a fait
M. J. du Val, à un examen qui aurait rectifié l'erreur;
mais le catalogue de Stettin et le Genera m'inspiraient
une entière confiance. Le *Rhinomacer* est peu commun
aux environs de Mont-de-Marsan ; je pouvais enfin croire,
par analogie avec ce qui se passe pour un des sexes de
certaines espèces, que la femelle était assez rare ou assez
difficile à dénicher pour que je ne l'eusse pas encore rencontrée, et je me laissai entraîner sans contrôle à une
confusion dont je ne me suis aperçu, j'en conviens,
qu'après la note rectificative publiée à cet égard par
M. J. du Val.

» Il demeure donc entendu que la larve que j'ai publiée
se rapporte exclusivement au *Rhinomacer* (Cimberis)
attelaboïdes. »

Il demeure établi par cette discussion que les plus
habiles de nos maîtres peuvent être induits en erreur
lorsqu'ils manquent surtout de matériaux suffisants pour
leurs travaux ; un fait ressort aussi avec évidence, c'est
que ces insectes, qui autrefois étaient considérés comme
rares, en France au moins, sont maintenant beaucoup

plus répandus, grâce aux nombreuses plantations de Pins qui ont été faites en France depuis une quarantaine d'années ; si en 1855 ou 1856, lorsque J. du Val imprimait la partie de son Genera traitant des Curculionides, les Rhinomacer eussent été moins rares, il n'eût pas regardé à sacrifier tout ce qu'il possédait de ces insectes pour vérifier un fait qu'il n'a reconnu que quelques années plus tard.

FAMILLE DES XYLOPHAGES

Les insectes de cette famille qui vivent sur les Pins leur sont très nuisibles et leurs larves en creusant des galeries sous l'écorce, ne tardent pas à faire périr les arbres lorsqu'elles sont nombreuses.

Les larves sont recourbées en arc comme celles des Curculionides ; elles sont blanches, apodes et aveugles au moins pour la plupart ; leurs mandibules courtes, d'une couleur brune, sont très solides pour tailler dans l'écorce les galeries où elles se nourrissent. Les nymphes dessinent déjà très bien les formes de l'insecte parfait qu'il est facile de reconnaître.

Hylastes ater. Payk.

Longueur 4^{mm} 1/2 à 5^{mm}. Très étroit, cylindrique, noir assez brillant, antennes et tarses brun rougeâtre, funicule de sept articles ; prothorax légèrement allongé, ponctué avec une ligne longitudinale lisse ; élytres ponctuées-striées, interstries finement chagrinées antérieurement, ruguleusement tuberculées en arrière.

Sur les troncs abattus de *Pinus sylvestris* où l'on trouve l'insecte sous les écorces dans des galeries très allongées. Commun à Cernay, Sapicourt, Rilly.

Hylastes cunicularius. Erich.

Même taille que l'*Ater* auquel il ressemble beaucoup, mais le prothorax est un peu moins long et arrondi sur les côtés. Un exemplaire à Sapicourt en compagnie du précédent; il est indiqué comme vivant sur *Picea excelsa*.

Hylastes attenuatus. Erich.

Longueur 2^{mm} 1/2. Cette petite espèce est mat à pubescence très fine; les interstries des élytres n'ont qu'une seule rangée de granulation. Assez commune à Verzy, Thilloy, Sapicourt, Châlons-sur-Vesle.

Hylastes opacus. Erich.

Longueur 2^{mm} 1/2. Espèce à corselet curviligne et à élytres plus larges que dans les précédentes, ce qui le rend oblong; mat et finement pubescent.

Un seul individu trouvé à Germaine, mais en recherchant cette espèce on la rencontrerait sans doute aussi abondamment que les précédentes.

Il n'est pas rare de rencontrer plusieurs espèces du genre Hylastes sous les écorces du même arbre et souvent leurs galeries se confondent ou s'entrecroisent soit avec celles de leurs congénères soit avec celles plus nombreuses de *Blastophagus piniperda* dont il va être parlé plus loin.

Hylurgus ligniperda. Fabr.

Longueur 5^{mm}. Brun foncé ou noir de poix, tarses jaunes ainsi que les antennes. Tête ponctuée et tuberculée. Prothorax plus long que large, ponctué avec une ligne médiane lisse. Elytres ponctuées-striées, à stries plus profondes vers l'extrémité et densément garnies de longs poils jaunes à la partie postérieure.

Sous les écorces épaisses de *Pinus sylvestris*, cette espèce a été prise à Rethel par M. Pigeot, et à Sacy par M. Delsuc. (Excursion de la Société.)

Blastophagus piniperda. Linné.

Caractères. — Longueur 3^{mm} 1/2 à 5^{mm}. Noir brillant, à pubescence fine et grise; antennes et tarses d'un brun clair; prothorax conique, étranglé en avant, ponctué sur le disque avec une fine ligne lisse. Elytres ponctuées-striées, à deuxième interstrie profondément sillonnée à la partie postérieure. Les individus qui viennent d'éclore sont d'un jaune pâle et deviennent plus foncés jusqu'au noir brillant à mesure qu'ils vieillissent; il n'est pas rare d'en rencontrer sous les mêmes écorces de toutes les teintes entre le jaunâtre pâle et le noir.

Mœurs et dégâts. — Cette espèce, l'une des plus communes parmi les Xylophages, vit sur presque tous les arbres résineux et se trouve non seulement dans toute l'Europe, du Nord au Sud, mais on l'a même signalée au Japon et dans l'Amérique septentrionale. C'est peut-être l'espèce la plus nuisible, d'abord parce qu'elle est très abondante, et ensuite parce qu'elle nuit aux Pins de deux manières : la première, sous les écorces à l'état de larves, et la deuxième à l'état d'insectes parfaits qui s'introduisent dans la partie médullaire des jeunes bourgeons qui se dessèchent. Lorsqu'une femelle a creusé sa galerie et y a pondu environ une centaine d'œufs vers le mois d'avril, les petites larves ne tardent pas à éclore et elles se mettent immédiatement à creuser des galeries latérales tortueuses, de sorte que les galeries des larves voisines s'entrecroisent et forment des enlacements sans aucune régularité; le liber et l'aubier sont complètement labourés et l'écorce se détache facilement de l'arbre lorsque les insectes sont parvenus au terme de leur croissance et se sont transformés, ce qui a lieu vers la fin de juin pour les premiers œufs pondus, tandis que les derniers sont encore à l'état de larves. Les insectes se rendent alors sur les bourgeons qu'ils perforent à la base pour aller ronger l'intérieur, et à l'automne, lorsqu'ils ont commis leurs dégâts sur les bourgeons, ils se rendent sur les écorces ou les vieilles souches pour y passer l'hiver dans un état d'engourdissement qui cesse aux premiers beaux jours; puis, de nouvelles pontes se produisent et de nouveaux dégâts aussi.

Blastophagus minor. Hast.

Longeur 3,5 à 4^{mm}. Très semblable au précédent, mais généralement plus petit et plus étroit, les rangées de tubercules de la deuxième interstrie ne cessent point à la déclivité, mais se continuent comme celles des premier et troisième jusqu'à l'extrémité de l'élytre, de sorte qu'on n'y voit pas un espace sillonné et glabre comme dans *B. piniperda*.

La manière de vivre différencie aussi cette espèce; en effet, tandis que *B. piniperda* préfère les écorces épaisses de la partie inférieure des vieux Pins, le *B. minor* recherche les points plus rapprochés du sommet où l'écorce plus mince est plus tendre, ce que le *B. piniperda* semble éviter.

La galerie de ponte est toujours divisée en deux bras, formant soit une accolade, soit des lignes plus ou moins divergentes; les galeries creusées par les larves, s'éloignant de celle de ponte plus ou moins à angle droit, restent toujours isolées les unes des autres. Je ne sais si cette espèce a été signalée dans nos environs, sa grande ressemblance avec l'espèce précédente a pu la faire confondre, et il serait intéressant de la rechercher.

Polygraphus pubescens. Fabr.

Longueur 2^{mm} à 2^{mm} 1/2. D'un brun noirâtre couvert de poils cendrés qui lui donne un aspect mat; antennes et pattes jaunâtres, yeux séparés en deux par un prolongement du front; antennes à funicule très court de cinq articles, avec une massue longue et solide, sans trace de suture. Prothorax fortement rétréci en avant, finement ponctué sur le disque; élytres à stries ponctuées fines et à interstries larges, convertes sur le dos de fines granulations disposées en rangées. Vit sur diverses conifères;

Ratzburg l'indique comme très nuisible aux Pins. M. Lajoie la signale dans les environs de Reims.

PITYOPHORUS RAMULORUM. Perris.

Longueur 1ᵐᵐ 1/2. Noir de poix, brillant à fine pubescence grise; antennes et pattes jaunes. Prothorax aussi long que large, rétréci antérieurement, assez profondément ponctué, ruguleux en arrière. Elytres cylindriques, striées-ponctuées; interstries chargées de fines rugosités transversales; de chaque côté, à l'extrémité de la suture qui est un peu saillante, on remarque un sillon alutacé et ruguleux. ♀ front a pubescence grise et fine. Cette espèce découverte dans les Landes par Perris a été retrouvée dans les brindilles terminales des pins de nos environs, par M. Lajoie.

CRYPTURGUS PUSILLUS. Gyll.

Longueur 1ᵐᵐ 1/2. Noir brillant, presque glabre; prothorax ovalaire, à ponctuation assez écartée et ayant une ligne médiane lisse sur le disque. Elytres ponctuées-striées avec une rangée de points obsolètes très distants les uns des autres.

Sous l'écorce des Pins, les larves se creusent de petites galeries sinueuses; l'insecte parfait se rencontre quelquefois dans les galeries d'autres insectes Xylophages comme les Tomicus. Trouvé à Verzy en battant les Pins; dans toute l'Europe et aussi au Japon et dans l'Amérique septentrionale.

CRYPHALUS ABIETIS. Ratz.

Longueur 2ᵐᵐ. Brun de poix, antennes et pattes plus pâles; prothorax moitié plus large que long, couvert en avant de petits tubercules épars; élytres cylindriques, un peu plus larges que le prothorax et deux fois plus lon-

gues, couvertes de rangées de points plus faibles postérieurement. Vit dans l'écorce des menues branches de
Pinus sylvestris. Châlons-sur-Vesle, Verzy.

TOMICUS SEXDENTATUS. Bœrner.

Caractères. — Longueur 6^{mm} à 8^{mm}. Cylindrique, noir,
brillant, à longue pubescence jaune brunâtre; prothorax
un quart plus long que large, ponctué en arrière avec une
large ligne médiane lisse. Elytres crénelées-striées profondément, excavées postérieurement et munies chacune
de six dents dont la quatrième est plus forte que les
autres.

On trouve souvent beaucoup d'exemplaires de différentes couleurs depuis le jaune pâle, le jaune brunâtre, le
brun, et enfin le noir; cela provient du plus ou moins de
temps depuis lequel les individus se sont transformés;
quoique beaucoup meurent avant d'être devenus noirs,
ces individus ne constituent qu'une simple variation de
couleur.

Mœurs et développement. — Cette espèce est très nuisible
aux *Pinus sylvestris*, *maritima* et *austriaca*, il s'attaque
aussi à *Picea excelsa*. Jusqu'à présent je ne l'ai constaté
qu'à Thuisy sur des arbres morts et abattus, mais il est
probable que des recherches plus nombreuses la feraient
découvrir dans d'autres localités. Les galeries sont longitudinales et d'après différents auteurs seraient creusées
par les mâles; il existe dans la longueur de ces galeries
trois ou quatre trous qui seraient destinés à l'aération; la
femelle creuse à droite et à gauche le long de la galerie
primitive, de petites excavations dans lesquelles elle
dépose un œuf; chaque femelle pond environ cinquante à
cent œufs et avant que la ponte soit complète, il n'est pas
rare de voir de jeunes larves sortir des premières pontes.
Les jeunes larves creusent des galeries qui vont en s'élar-

gissant à mesure qu'elles grossissent et arrivées au terme de leur croissance elles se métamorphosent en nymphes dans l'écorce; l'insecte éclôt vers la fin de juin. Dans certaines années chaudes, il paraît que cette espèce peut avoir deux générations. Le seul moyen d'empêcher sa propagation consiste à couper les arbres attaqués, à les écorcer de suite et à brûler ces écorces immédiatement.

Je n'ai pas encore trouvé les *Tomicus typographus et Amitianus*, qui ressemblent beaucoup à *Sexdentatus;* ces deux espèces sont légèrement plus petites et les dents des élytres postérieurement ne sont qu'au nombre de quatre au lieu de six.

Les mœurs de ces deux espèces sont les mêmes que celles de *Tomicus sexdentatus,* mais outre les arbres verts où vit cette dernière, il faut ajouter les Mélèges sur lesquelles on les a signalées.

TOMICUS LARICIS. Ratz.

Caractères. — Largeur 3^{mm}5 à 4^{mm}. Étroit, cylindrique, noir de poix, pubescent; pattes et antennes ferrugineuses. Prothorax presque carré, ligne médiane obsolète. Élytres ponctuées-striées; instertries à peu près plans avec une rangée de petits points; les élytres sont tronquées et crénelées postérieurement, elles sont munies de trois dents pas très fortes.

Développement. — La femelle de cette espèce dépose ses œufs en grappe dans une large excavation assez courte, entre l'écorce et l'aubier; les jeunes larves creusent ensuite leurs galeries dans tous les sens d'une façon très peu régulière. Les éclosions se font en juin, juillet et même août sur *Pinus sylvestris;* assez commune sur les arbres abattus, mais assez difficile à trouver sur les arbres sur pied où il concourt avec d'autres ennemis, à leur dépérissement.

M. Bedel, dans son catalogue des *Rhynchophora* du bassin de la Seine, inscrit *Tomicus rectangulus*. Ferr. comme habitant la Marne, d'après M. Lajoie. D'autre part, W. Eichoff, dans sa monographie des Xylophages d'Europe (Berlin 1881), donne la description de trois espèces très semblables à *Laricis* et qui se trouvent dans presque toute l'Europe, elles sont confondues avec *Laricis* dans beaucoup de collections. Ces espèces vivent toutes les quatre sur les mêmes *Pinus*, souvent plusieurs espèces vivent côte à côte sur le même arbre, mais leurs galeries, au moins celle de leur mère, seraient un peu différentes. Des recherches plus multipliées amèneraient peut-être la découverte de ces quatre espèces dans notre région.

Voici un petit tableau indiquant les principales différences qui suffiront pour séparer ces espèces :

1. Dent inférieure de la truncature des élytres située au milieu du bord; intervalle qui la sépare de la précédente étroit et orné d'un petit tubercule.

a). 2e dent du ♂ très grande, à large basse fortement comprimée; truncature à angle droit. *Rectangulus*. Eich.

b). Plus trapu; dent plus obtuse; truncature oblique.

Proximus. Eich.

2. Dent inférieure de la truncature des élytres située près de l'extrémité; intervalle qui la sépare de la précédente avec deux petits tubercules.

c). Impression de l'extrémité des élytres presque orbiculaire; prothorax arrondi antérieurement. *Laricis*. Ratzb.

d). Impression de l'extrémité des élytres assez étroite; prothorax rétréci en avant. *Suturalis*. Gyll.

A propos des mœurs de ces espèces, Eichloff fait cette remarque :

« Si sous le rapport de la forme et de la structure, les insectes parfaits peuvent être facilement confondus, il

n'en est pas de même de leur manière de vivre. En effet,
tandis que chez *Rectangulus, Proximus et Saturalis*, les
femelles placent leurs œufs un à un de chaque côté des
galeries de ponte, dans de petites entailles particulières,
la femelle de *Laricis* les dépose en masse ou en grappe
au milieu d'une large excavation assez courte et les larves
creusent ensuite les leurs, qu'elles disposent en tous sens
de la façon la plus irrégulière. »

TOMICUS BIDENTATUS. Herbst.

Longueur 2^{mm} à 2^{mm} 1/3. Étroit, noir de poix brillant
avec une pubescence grise; prothorax rétréci en avant,
ponctué en arrière avec une ligne médiane lisse et saillante, de chaque côté une tache lisse assez distincte.
Elytres avec des rangées de points peu profonds. Chez le
mâle, la troncature des élytres est orbiculaire, plane et
lisse; chaque élytre, à son bord supérieur, est ornée
d'une dent à crochet, courbée vers le bas. Chez la femelle,
cette troncature est sillonnée de chaque côté de la suture
qui est saillante et renflée en bourrelet sur les côtés.
Chamery, sur les branches d'un jeune pin mort.

FAMILLE DES LONGICORNES

SPONDYLIS BUPRESTOIDES. Linné.

Caractères. — Longueur 16^{mm} à 20^{mm}. Cet insecte forme
une section spéciale de la famille des Longicornes avec
laquelle il n'a pas beaucoup de ressemblance au premier
abord, surtout à cause de ses antennes courtes et de ses
tarses dont le 4e article possède à sa base un nodule assez
développé qui ferait croire que les tarses se composeraient
de cinq articles.

Noir, presque cylindrique, à corselet presque globuleux
et criblé de petits points enfoncés; mâchoires très petites

à deux lobes rudimentaires ; antennes courtes n'atteignant pas la base du prothorax, robustes, un peu comprimées, le 1er article un peu plus gros que le 3e, 2e très court, tous les autres presque carrés, sauf le dernier qui est ovoïde. *Elytres convexes, chargées chacune de deux lignes longitudinales élevées chez le ♂, les lignes un peu effacées chez la ♀, intervalles entre ces lignes criblées de points enfoncés comme ceux du corselet ; pattes courtes et robustes. Les ♀ sont généralement plus fortes que les ♂.*

Mœurs et développement. — Les mœurs de Spondylis ont été décrites avec soin par Ratzburg qui figure ses divers états ; MM. Mulsant et Perris les ont, de leur côté, étudiées de nouveau et ajouté quelques détails aux travaux de Ratzburg. La ponte a lieu généralement en juillet sur les souches ou sur les troncs des arbres malades ; les petites larves qui éclosent sont d'un violet rougeâtre et n'arrivent que l'année suivante au terme de leur croissance ; elles ont alors environ 26mm de longueur et ont exécuté pour se nourrir des galeries très profondes dans l'intérieur du bois, car elles ne se contentent pas, comme la plupart des autres Longicornes, d'attaquer les écorces.

Les *larves* atteignent 34mm de longueur et se composent de douze segments avec la tête assez saillante, les mandibules pointues et en biseau très oblique, six pattes assez longues, le prothorax assez fortement ponctué antérieurement, la plaque méta-prothoracique très finement et très densément chagrinée, les ampoules ambulatoires chagrinées et plissées, le dernier segment muni de deux épines coniques.

Cette espèce est commune dans toute l'Europe et se retrouve jusqu'au Japon. A Reims, un exemplaire a été trouvé sur la place Royale par M. Bettinger fils. M. Bedel l'indique trouvé à Boursault par M. Demaison, il l'indique également de Fontainebleau, de Compiègne, etc.

Criocephalus rusticus. Linné.

Longueur 15 à 30mm. — La couleur varie du brun au noirâtre; légèrement pubescent. Tête à petits points très serrés marquée d'un sillon longitudinal; antennes n'atteignant pas tout à fait l'extrémité du corps, à 2e article long comme la moité du 3e. Prothorax arrondi sur les côtés, marqué de trois fossettes disposées en triangle, dont celle du milieu à l'extrémité postérieure d'un sillon longitudinal. Elytres munies de trois lignes élevées très fines, surtout l'externe. Prothorax et élytres couverts de petits points comme la tête; ces points plus forts sur la partie antérieure des élytres.

Pond ses œufs dans l'écorce des pins morts et des souches vers le mois d'avril; les larves éclosent une quinzaine de jours après, vivent quelque temps entre l'écorce et l'aubier, puis elles pénètrent dans l'intérieur du bois et y creusent des galeries à section elliptique; vers la fin de mai elles se métamorphosent en nymphes dans une de leurs galeries et l'insecte paraît vers la mi-juillet.

Je ne connais pas d'insectes trouvés dans nos environs immédiats de Reims, mais il pourra s'y rencontrer, car il est indiqué dans le bassin de la Seine par M. Bedel, notamment à Fontainebleau, à Juvisy, à Gien, à Sens et à Troyes et même dans la Somme (Dunes de Cayeux).

Asemum striatum. Linné.

Caractères. — Longueur 12 à 18mm. D'un brun noir obscur et quelquefois d'un brun fauve lorsque l'insecte n'a pu se colorer entièrement; couvert d'une légère pubescence, antennes atteignant presque la moité des élytres; prothorax arrondi sur les côtés avec une légère ligne médiane; élytres avec plusieurs lignes de points enfoncés confusément et intervalles formant des côtes plus élevées.

L'insecte parfait éclôt fin avril ou commencement de mai et n'est pas rare sous l'écorce des pins abattus à Cernay, Thuisy, Sapicourt, etc.

Il ne paraît pas que Ratzburg se soit occupé de cet insecte nuisible aux pins; Perris ne le signale pas non

plus dans les Landes sur le pin maritime (il l'a reçu de la
Seine-Inférieure), cependant il est commun aux environs
de Paris, dans les Vosges, en Suisse, et probablement
dans toute l'Allemagne; sur les catalogues, il est indiqué
d'Europe et de Sibérie.

Les *larves* atteignent environ 20^{mm} et sont blanches
avec la tête d'un jaune d'ocre se fonçant vers le bord
antérieur qui devient presque noir ainsi que le vertex, le
labre et les mandibules; le milieu de la tête est marqué
d'une ligne longitudinale noirâtre. Prothorax un tiers
plus large que la tête avec le bord antérieur, les côtés et la
plaque métathoracique d'un jaune d'ocre, mésotothorax
et méthorax très courts; six petites pattes de trois articles
et d'un ongle aigu; l'abdomen se compose de neuf segments qui vont, en se rétrécissant graduellement jusqu'au
dernier qui est muni de deux petites épines très courtes;
les premiers segments sont munis d'ampoules ambulatoires et les deux avant-derniers ont de chaque côté un pli
profond qui sépare les segments des bourrelets latéraux;
tous ces segments possèdent de chaque côté un stigmate
de couleur d'ocre.

Ces larves ressemblent beaucoup aux larves de *Spondylis*, mais la tête est un peu moins saillante et les pointes
du dernier segment des mandibules sont coniques et un
peu arquées.

Quant aux *nymphes*, comme toutes celles des Longicornes en général, elles reproduisent déjà les formes
principales de l'insecte parfait, mais les élytres repliées
au-dessous entre les pattes, laissent voir tous les segments
abdominaux.

Mœurs et dégâts. — La ponte des *Asemum* doit avoir
lieu dans le courant du mois de mai et les jeunes larves
commencent à creuser sous l'écorce de longues galeries
plus ou moins sinueuses, traversant parfois les galeries
plus faibles d'*Hylastes* ou de *Tomicus;* lorsqu'elles ont

atteint une taille moyenne, elles commencent à s'enfoncer
un peu dans l'intérieur du tronc d'abord perpendiculaire-
ment à l'axe et quelquefois jusqu'au cœur ; puis elles
s'infléchissent et creusent alors des galeries plus ou moins
sinueuses qui descendent (et d'autres qui montent peut-
être) parallèlement à l'axe ; il y a des troncs dont toute
l'épaisseur est labourée depuis l'aubier jusqu'au centre de
ces longues galeries et il n'est pas rare de rencontrer dans
nos pineraies champenoises des arbres sciés à leur base
et dont la section horizontale présente pour un Pin de
12 centimètres de diamètre, une centaine de trous oblongs ;
ces souches ressemblent, à part la forme des trous, à des
écumoires. Les larves ne paraissent pas monter plus haut
que 1^{m}50 ou 2^m sur les troncs. N'ayant pas élevé ces larves
depuis leur jeune âge, je ne saurais dire si elles mettent
deux années pour accomplir leurs métamorphoses, et
il pourrait bien se faire que la première année de la vie
larvaire se passe sous l'écorce et que ce soit seulement à
l'approche de l'hiver que la larve s'enfonce dans les troncs
pour y passer une seconde année ; ce qu'il y a de certain
c'est que les plus grosses larves trouvées fin octobre se
trouvent toutes dans l'épaisseur des troncs et ne semblent
pas encore se préparer à la transformation en nymphes ;
au mois d'avril on trouve des nymphes qui sont prêtes à
se métamorphoser en insectes parfaits et même des
insectes parfaits encore peu colorés qui se trouvent entre
l'aubier et l'écorce après avoir perforé la bourre de
filaments qui sépare l'écorce de la chambre nymphale. En
résumé, la jeune larve se nourrirait un certain temps
sous l'écorce, puis entrerait dans l'intérieur des troncs
par une galerie horizontale, puis à un certain moment
descendrait ou monterait par une galerie verticale assez
longue et viendrait par une nouvelle galerie horizontale
se transformer vers l'aubier, de façon que l'insecte éclos
n'ait que peu de travail pour perforer l'écorce et aller sur

d'autres arbres accomplir l'œuvre de la ponte; en effet,
la larve, avant de se transformer, a perforé la moitié où le
tiers de l'épaisseur de l'écorce, elle a rempli cette cavité de
fibres de bois, qui occupent environ un centimètre de la
fin de sa galerie; puis, elle refoule et tasse ses excréments
de l'autre côté; elle possède alors une loge allongée
ovalaire dans laquelle elle peut en paix accomplir ses
transformations de larve en nymphe, puis de nymphe en
insecte parfait. Ces transformations peuvent ne demander
qu'un mois à six semaines, comme cela a lieu pour
certaines nymphes de *Callidies* ou de *Clytus* qui se
transformaient sur ma table de travail au bout d'une
dizaine de jours et qui d'abord toutes blanches se colo-
raient complètement au bout de trois ou quatre jours. Il
en est sans doute de même pour nos *Asemum* qui, une
fois transformés, n'ont plus qu'à se débarrasser des
filaments formant tampon et à percer la petite portion
d'écorce que les larves leur ont laissée comme dernier
travail; l'insecte en l'accomplissant y met sans doute
plusieurs jours pendant lesquels ses téguments d'abord
mous, se durcissent et il peut alors supporter la chaleur
du soleil et les froids de la nuit; d'ailleurs, sa destinée
n'est plus de longue durée, après l'œuvre de la féconda-
tion, il ne tarde pas à mourir.

TETROPIUM LURIDUM. Linné.

Longueur 12 à 15^{mm}. D'un brun noir brillant sur la tête et le
prothorax, les yeux rouges; les élytres recouvertes d'une
pubescence rousse qui les fait paraître brun mat; quelquefois
les élytres restent d'un brun rougeâtre et forment la variété
Aulicum Fabr; les pattes sont tantôt noires brunes, tantôt
rouges. Les antennes sont assez robustes et ne vont que vers
le tiers des élytres, le 1er est épais, le 2e petit et mince, le
3e double de la grandeur du second et les suivants vont en
diminuant graduellement; elles sont brunes avec les derniers
articles ferrugineux rougeâtres. Prothorax arrondi sur les
côtés, avec deux proéminences mal limitées et lisses séparées

par une ligne médiane qui se termine en avant et en arrière en s'élargissant; le prothorax ainsi que la tête sont couverts de points enfoncés assez espacés. Les élytres sont chargées de trois côtes peu élevées et les intervalles sont légèrement chagrinées. Les cuisses sont très épaisses.

Cette espèce a été trouvée par M. Ch. Demaison sous l'écorce de Pins abattus à Jonchery; elle est nouvelle pour le bassin de la Seine, car M. Bedel ne la signale pas. Elle est assez commune dans les Vosges et dans les Alpes sur *Abies pectinata* et *excelsa*; c'est une preuve nouvelle de la marche envahissante des insectes qui suivent les plantations qui ont été faites en Champagne. Perris ne la signale pas dans les Landes sur le pin maritime.

Hylotrupes Bajulus. Linné.

Caractères. — Longueur 8 à 20^mm. D'un brun de poix brillant, mais quelquefois les élytres sont entièrement testacées; insecte déprimé, presque plat, thorax revêtu d'un duvet épais et blanchâtre, les élytres possèdent vers le milieu une bande transversale et quelques petites taches au-dessus formées de poils blancs et courts. Tête avec une impression transversale et assez fortement ponctuée. Prothorax plus large que long, ponctué avec une ligne lisse et luisante longitudinalement, et de chaque côté un tubercule luisant en forme de croissant. Elytres parallèles et guère plus larges que le prothorax, rugueusement ponctué. Dessous du corps finement ponctué et pubescent; cuisses fortement renflées.

Larve atteignant 22^mm, assez trapue, tête roussâtre, à bord antérieur marqué de points plus ou moins enfoncés, échancré au milieu, avec deux dents obtuses sur chaque côté. Épistome étroit, labre en demi-ellipse transversal. Mandibules noires, luisantes, et lisses jusqu'à un sillon transversal à partir duquel elles s'élargissent et sont de couleur ferrugineuse. Lobes des mâchoires épais et larges. 1er article des antennes aussi long que les trois autres ensemble; 2e très court; 4e grêle, à peine plus long que le 2e, et à sa base en dessous un petit article visible de profil. Ocelles nulles.

Mœurs et Dégâts. — Lorsque la larve a atteint tout son développement, elle se forme une cellule ellipsoïdale dans la vermoulure de ses galeries et s'y métamorphose en nymphe; puis l'insecte parfait en sort vers le mois de juin.

Quoique cet insecte n'attaque pas les arbres de nos forêts, c'est une des espèces les plus nuisibles aux produits des forêts de Pins et c'est pourquoi j'ai cru devoir en parler, car ses ravages sont très importants dans les chantiers de bois de Pins, dans les maisons où il perfore les planchers et les charpentes. Cependant, je ne l'ai pas trouvé en grande quantité à Reims, mais d'un moment à l'autre il est possible qu'on entende parler de ses dégâts. A Metz, je le trouvais plus fréquemment, et dans ma maison j'ai pu l'étudier à loisir, car j'entendais le travail des larves dans des boiseries en sapin d'où sortaient tous les ans quelques insectes parfaits; plusieurs planches de mon grenier ont été attaquées, et dans l'espace de quelques années ces planches cédaient sous la moindre pression; certaines parties étaient tellement mangées qu'elles se trouvaient réduites à des feuillets épais comme du papier. Mais, un fait d'une plus grande importance s'est passé dans le couvent du Sacré-Cœur, à Montigny-les-Metz; une vingtaine d'années environ après sa construction, on s'est aperçu que les charpentes de ce couvent menaçaient ruine et que certaines parties étaient tellement labourées par les larves d'*Hylotrupes* qu'on a dû immédiatement remplacer les parties défectueuses pour éviter des accidents; environ 15 à 20,000 fr. ont été employés pour réparer le désastre occasionné par vingt générations d'Hylotrupes qui, sans sortir des bois de construction où ils s'étaient établis, se reproduisaient à l'infini.

Astynomus œdilis. Linné.

Caractères. — Longueur 12 à 18ᵐᵐ. D'un gris cendré varié de brun, orné sur les élytres de deux bandes irrégulières et arquées brunâtres; dessous du corps d'un fauve pâle, revêtu d'un duvet couché et blanchâtre avec des mouchetures plus foncées. Tête antérieurement ciliée de poils blanchâtres marquée d'un petit sillon longitudinal. Antennes deux fois et demie plus longues que le corps chez la ♀ et cinq fois plus longues chez le ♂. Prothorax ruguleusement ponctué, ayant de chaque côté un tubercule épineux. Elytres plus larges que le prothorax, ayant trois lignes longitudinales peu apparentes, chargées de points assez gros à la base, moins gros à l'extrémité. Le dernier segment de l'abdomen de la ♀ est prolongé en tube de près de un centimètre de longueur chez les grands exemplaires; chez le ♂, le dernier segment est échancré.

La *larve*, assez étroite, arrive jusqu'à 30ᵐᵐ de longueur, son corps blanc jaunâtre est revêtu de poils fins roussâtres, sauf la tête et les mamelons ventraux qui sont glabres. Bord antérieur de la tête avec deux fossettes médianes et un peu en arrière une ligne de six petites fossettes; labre ponctué. Mandibules noires, étroites et longues; prothorax ayant près du bord antérieur un espace transversal nu, ferrugineux et presque calleux; mésothorax et métathorax plus longs que dans les larves de *Spondylis* et d'*Hylotrupes*; abdomen de dix segments dont les sept premiers pourvus sur les côtés de plaques cornées transversales; 8ᵉ et 9ᵉ lisses et un peu plus longs que les précédents; 10ᵉ très petit comprenant l'anus; cette larve est apode et aveugle.

Mœurs et Dégâts. — La femelle d'*Astynomus* pond ses œufs dans les souches et les troncs des vieux Pins malades ou morts depuis peu. La larve vit sous l'écorce qu'elle creuse de longues galeries très sinueuses et lorsqu'elle veut se métamorphoser, elle accumule au fond de sa galerie un certain nombre de filaments assez longs qu'elle contourne pour former une loge ellipsoïdale, elle dépose aussi des amas de détritus pour maintenir ces filaments et elle creuse légèrement l'écorce pour avoir une loge commode pour la nymphe et l'insecte qui doit éclore, nymphe et insecte qui sont plus épais que la larve; d'après Perris, lorsque l'écorce est trop mince, la larve a l'instinct de ne pas creuser l'écorce, mais elle creuse dans l'aubier afin d'avoir toute l'épaisseur de l'écorce pour la protéger contre les ennemis du dehors, contre les pluies d'orages ou un soleil trop chaud.

L'*Astynomus œdilis* est assez commun dans les pineraies des environs de Reims et il n'est pas rare de le rencontrer à Reims même, amené dans les bûches de bois de chauffage; on le trouve aussi dans les chantiers.

Astynomus atomarius. Fabr.

Longueur 11 à 15ᵐᵐ. Ressemble beaucoup pour la forme à l'espèce précédente, mais généralement de taille moindre et proportionnellement plus étroite; couleur d'un brun assez foncé excepté la fascie du milieu des élytres; celles-ci sont chargées de quatre côtes bien prononcées qui se rejoignent en pointe avant le bout de l'élytre. Le duvet des tarses est noir au sommet et blanchâtre à la base au-dessus, tandis que dans l'espèce précédente le duvet des tarses est uniformément cendré au-dessus.

Les mœurs de cette espèce sont probablement les mêmes que celles d'*Œdilis*; Perris, dans son nouveau travail sur les larves de Coléoptères ne signale que quelques petits détails par lesquels les larves des deux espèces se différencient.

Je ne connais qu'un seul exemplaire pris à Bazancourt par L. Bettinger.

Rhagium inquisitor. Linné.

Longueur 11 à 16ᵐᵐ. Fond noir recouvert d'un duvet cendré ou roussâtre avec des parties dénudées formant deux sortes de bandes sur les élytres; dessous du corps moucheté d'un duvet jaune cendré. Tête parsemée de gros points et marquée d'un sillon longitudinal. Prothorax muni de chaque côté d'une épine relevée et recourbée en arrière, ponctué et sillonné dans son milieu. Élytres avec trois lignes élevées, ponctuées à la base, puis subréticulée.

La larve et la nymphe ont été décrites par Ratzburg, Léon Dufour et Perris; voici comment s'exprime Léon Dufour à leur sujet : « La larve se tient entre le bois et l'écorce du pin, où elle se creuse des galeries fort irrégulières à travers la vermoulure et les excréments. Elle ronge l'écorce et vit de ses débris. Lorsqu'elle est sur le point de se métamorphoser en nymphe, elle se construit avec beaucoup d'habileté une loge, un berceau. C'est une excavation conchoïde en ovale régulier, relevée dans tout son pourtour par une fascine de fibres blanchâtres filiformes, artistement enroulées sur plusieurs couches et sur plusieurs rangs, et formant ainsi un bourrelet épais, une sorte de turban. On dirait un médaillon avec son camée. Par sa contiguïté, son adhérence à l'écorce et au bois, cet entourage circonscrit une cavité assez semblable à une demi-coque de noix, où la nymphe se trouve au large et à l'abri de toutes les intempéries. »

M. Bedel ne signale pas cette espèce dans le bassin de la Seine quoique, dit-il, elle se trouve à la fois en Europe, en Asie et même dans l'Amérique du Nord. Elle est commune sur les pins dans les Landes, dans les Alpes et les Vosges; moi-même je l'ai trouvée sur des Pins aux environs de Metz, et il n'y a pas de raison pour qu'elle n'existe pas en Champagne.

RHAGIUM BIFASCIATUM. Fabr.

Longueur 14 à 18^{mm}. D'un bronzé noir avec des parties rousses; les élytres bordées de roux avec des fascies obliques jaunes plus ou moins larges; pattes et antennes rousses en majeure partie.

La larve et la nymphe ont été décrites par Perris dans son travail sur les larves (1877); elles diffèrent peu de celles des Rh. inquisitor. Elles vivent non-seulement sur le Pin, mais aussi sur le Châtaignier.

Cette espèce est commune dans les Vosges et en Allemagne sur les vieilles souches et les vieux troncs de Pins abattus;

son habitat est, du reste, très étendu, elle se trouve en Angleterre, en Espagne, en Grèce. Elle a été rencontrée aux bois de Boulogne, de Meudon et de Montmorency, près Paris. Quoique non signalée dans la Marne, il est fort probable qu'on l'y découvrira quelque part.

LEPTURA DUBIA. Scop.

Longueur 10 à 12^mm. Allongée, un peu déprimée en dessus, élytres rougeâtres avec le bord externe noir, corselet un peu rétréci en avant, à villosité fauve ; élytres finement ponctuées, obliquement tronquées ; pattes noires.

La larve se développe dans l'aubier des sapins morts ; les insectes se trouvent généralement sur les fleurs dans le voisinage des arbres verts. Il est signalé dans le bassin de la Seine, à Nogent-sur-Marne, à Compiègne et à Saint-Valéry-sur-Somme. Il était rare à Metz où il existe peu de Pins, mais à Bitche et dans les Vosges ainsi que dans les Alpes, il est assez commun.

La *Leptura rubra* Linné si commune dans les Vosges, les Alpes, les Landes, etc., dont les larves vivent dans les souches de Pins pourra se trouver aussi en Champagne, mais je ne l'ai pas encore vu signaler dans le bassin de la Seine. Ces insectes ne sont pas nuisibles au vrai sens du mot, puisqu'ils ne vivent que sur les souches des arbres dont ils facilitent la décomposition, mais ils doivent être indiqués dans notre travail comme vivant exclusivement sur les Pins.

FAMILLE DES PHYTOPHAGES

DISOPUS PINI. Linné.

Longueur 3 à 4^mm. Couleur fauve complètement glabre. Tête de forme circulaire et convexe, en dessus ponctué, yeux noirs. Antennes avec les quatre premiers articles flaves, les autres noirs ; le premier presque ovoïde, les suivants très minces d'abord allant en s'élargissant graduellement jusqu'au dernier. Pronotum élargi vers les deux tiers de sa longueur avec un rebord très fin sur les côtés, couvert d'une ponctuation fine et serrée, Elytres de la même longueur que le pronotum à la base, un peu moins larges à l'extrémité, couvertes d'une ponctuation plus forte et moins serrée que sur le pronotum. Pattes entièrement fauves, à tibias courts, presque triangulaires, tarses épais ; chez les ♂, les tarses antérieurs dilatés.

M. Perris n'a pu trouver les larves de cet insecte quoiqu'il soit commun dans les Landes sur le Pin maritime.

Je n'ai encore trouvé *Disopus Pini* que deux fois aux environs de Reims; deux individus, en 1889, le 1er septembre, en secouant des genévriers à Rilly, et en assez grand nombre, le 18 septembre 1896 à Châlons-sur-Vesle, sur des Pins, dans les circonstances si bien indiquées par Perris; la date serait un peu avancée dans notre climat; voici comment s'exprime M. Perris : « Le *D. Pini* commence à paraître dans les Landes au commencement d'octobre; c'est à la fin du mois et les premiers jours de novembre qu'il est le plus commun, et on en trouve quelques uns jusqu'à la fin de décembre. Il se tient toujours sur les Pins de 6 à 15 ans; mais il est à remarquer qu'il fuit toujours les semis épais, et il est extrêmement rare de le rencontrer au milieu des fourrés qu'ils présentent. S'il s'y pose, c'est toujours sur les arbres du bord, ou sur ceux qui vivent au milieu des petites clairières. Les lieux où on le trouve plus abondamment sont ceux où les Pins sont espacés, libres, bien aérés et bien éclairés par le soleil; et c'est même très probablement pour jouir de l'influence de cet astre, d'autant plus précieux que la saison est avancée, que l'insecte dont il s'agit évite les semis épais dont les plants s'ombragent réciproquement.

Quoiqu'il en soit, c'est surtout par un jour de soleil qu'il faut chercher les *Disopus*. On les voit alors perchés sur les feuilles, d'où ils se laissent tomber dès qu'on les approche. On les rencontre assez fréquemment accouplés, le mâle placé sur le dos de la femelle, et celle-ci, dans l'état de gestation, a le ventre tuméfié, mais non à l'excès. Les œufs qu'elle pond, et j'en ai recueilli beaucoup de femelles enfermées chez moi dans des boîtes, sont allongés, elliptico-cylindriques, lisses et d'un jaune clair. J'ignore où la femelle, à l'état de liberté, les dépose.

Ces insectes vivent des feuilles de Pin, mais ils ne les rongent pas à la manière des chenilles. Ils pratiquent, le long du canal intérieur en gouttière, c'est-à-dire dans la partie où l'épiderme est le moins épais et le tissu le plus succulent, un sillon linéaire ou même deux sillons très rapprochés et parallèles, qui parcourent souvent presque toute la longueur de la feuille et pénètrent dans le parenchyme jusqu'à une faible profondeur. Il est très rare qu'ils attaquent la partie extérieure ou dorsale de la feuille, et il faut bien chercher pour en trouver des exemples. En revanche, il arrive souvent que presque toutes les feuilles d'un arbre sont sillonnées en dessus,

et comme ces blessures font périr les parties qu'elles inté-
ressent, on dirait, au mois de décembre, que les arbres qui
ont servi à de nombreux *Disopus* sont morts ou mourants. Ils
ne paraissent cependant pas s'en ressentir, et je n'ai pas
d'exemple de Pin mort ou même malade par l'action du
Disopus, attendu que cette action s'exerce lorsque déjà la
sève est en repos, et que le printemps suivant répare les
pertes de l'automne, le bourgeon terminal n'ayant jamais été
atteint.

J'avais cru d'abord que ces déchirements linéaires et en
forme de sillon, pratiqués sur la feuille, étaient l'œuvre de
l'oviscapte de la femelle et recélaient ses œufs; mais toutes
mes recherches pour trouver quelqu'un de ces œufs ont été
vaines, et d'ailleurs, en observant les insectes, j'ai constaté
mille fois que c'est avec leurs mandibules et pour se nourrir,
qu'ils attaquent les feuilles.

LUPURUS PINICOLA. Duft.

Longueur 2^{mm}. Noir brillant avec la moitié postérieure du
prothorax d'un brun rougeâtre, le reste noir; élytres très
finement pointillées. Pattes rougeâtres, excepté les deux
tiers supérieurs qui sont noirs.

Cette espèce est commune sur tous les Pins de nos environs, Châlons-sur-Vesle, Bazancourt, Rilly, Thuisy, Germaine,
etc. Elle vit à l'état de larve et d'insecte parfait sur les aiguil-
lons du Pin, mais ses dégâts paraissent bien peu sensibles et
d'ailleurs, cette Gallérucide n'est jamais d'une abondance
extrême.

On prend fréquemment sur les Pins des *Altissides*, tels
que : *Graptodera oleracea* Linné, *Plectrocelis aridella* Gyll.,
Phyllotreta nemorum Lin., *atra* Payk., mais ces espèces qui
vivent généralement sur diverses *Crucifères* dans leurs
premiers états, ne peuvent être considérées comme insectes
des Pins quoi qu'elles s'y trouvent quelquefois en assez
grand nombre.

Enfin, on trouve aussi divers petits Coléoptères vivant
sous les écorces des Pins dans les déjections qui se
trouvent dans les galeries des insectes Xylographes dont
nous avons parlé; nous ne les citerons que pour mémoire,
ce sont :

Trichoptérydiens. — Ptilium apterum. Guér.

Curieux petit insecte de 1/3^{mm} qui est dépourvu d'ailes et d'yeux, d'un testacé pâle. Thuisy, se retrouvera partout en le cherchant avec attention.

Brachélytres. — *Homalota æquata*. Ere. — *Placusa pumilio*. Grav. — *Phlæopora reptans*. Grav. — *Omalium pusillum*. Payk., *planum*. Payk., *concinnum* Marsh., *lucidum*. Er., etc.

Enfin, différentes espèces de *Phalacrus* et d'*Olibrus* se trouvent en grand nombre en battant les Pins; leurs larves ont été trouvées et élevées dans l'intérieur des fleurs de différentes plantes par M. Perris, et le Dr Laboulbène a donné la biologie de l'*Olibrus* affinis (Ann. Soc. Ent. de Fr. 1868). Les larves de cette espèce vivent sur les fleurs de salsifis sauvage. (*Tragopogon pratensis*). Le Dr Laboulbène ne pense pas que la larve d'*Olibrus* soit herbivore; elle cohabite dans les mêmes fleurs avec des larves de Diptères (*Tephritis serotine*). Vivrait-elle des déjections de ces Diptères ou en serait-elle parasite? Ce point reste à élucider ainsi que celui de savoir ce que font les *Phalacrus* et les *Olibrus* sur nos Pins.

COLÉOPTÈRES UTILES ET CARNASSIERS

Si les Pins sont attaqués par une légion d'insectes de plusieurs ordres, il en existe aussi beaucoup d'autres qui sont carnassiers et qui, à l'état de larves ou d'insectes parfaits, empêchent la trop grande multiplication des premiers. Nous allons passer en revue les *Coléoptères* qui remplissent ce rôle; plus tard nous dirons ce que nous aurons vu sur le rôle des nombreux *Diptères* et *Hyménoptères*, qui par différents moyens amènent la destruction des larves d'insectes ravageurs des forêts et savent mettre un frein à leurs déprédations.

FAMILLE DES CARABIQUES

Parmi les insectes de cette famille, je n'ai signalé que : *Dromius agilis* Fabr. et sa variété *fenestratus* Fabr.,

Dromius 4-notatus Panz. et *Demetrias atricapillus* Linné.

Tous ces carabiques dévorent sans doute à l'état de larves, les pucerons ou les petites larves des Xylophages, leur taille qui varie de 4 à 6ᵐᵐ ne leur permettrait pas de s'attaquer à de bien grosses proies; cependant M. Perris a constaté le parasitisme de la larve de *Dromius 4-notatus* sur les larves de *Pissodes notatus* dont nous avons parlé. Le corps de ces quatre carabiques est très plat et leur permet de s'introduire sous les écorces et dans toutes les fissures où elles sont à même de choisir leurs proies.

FAMILLE DES CLAVICORNES

RHIZOPHAGUS DEPRESSUS. Fabr.

Caractères. — Longueur, 3ᵐᵐ à 3ᵐᵐ50. Ferrugineux, quelquefois suture des élytres brune; pattes testacées; yeux noirs. Tête et prothorax ponctué; élytres striées-ponctuées; pygidium ponctué et garni de poils roussâtres. Insecte très étroit, plat comme la plupart des insectes qui vivent sous les écorces.

La *larve* atteint 6ᵐᵐ de longueur; elle est très allongée, linéaire et aplatie; sa tête roussâtre est marquée de deux impressions arquées; les mâchoires sont assez longues et épaisses, les mandibules ferrugineuses sont fortes et bidentées à l'extrémité. Les palpes maxillaires ont trois articles presque égaux, et les palpes labiaux sont courts et de deux articles égaux. Antennes assez longues de quatre articles avec le troisième surmonté d'un petit article supplémentaire; sur chaque joue, près de la base de l'antenne, deux ocelles arrondis. Prothorax plus grand que les mésothorax et métathorax; ces derniers blancs avec une bande roussâtre pâle près du bord antérieur, abdomen de 9 segments ; les 8 premiers égaux aux deux derniers du thorax et ayant comme eux une bande roussâtre ; 9° segment entièrement roussâtre et muni sur le dos de deux tubercules cornés, divisé en deux lobes par une échancrure en arceau ; chacun de ces lobes armé de trois fortes dents cornées et disposées en triangle. Stigmates au nombre de neuf paires, la première près du bord antérieur du mésothorax, les autres au tiers antérieur des segments. Pattes de quatre articles.

Mœurs. — On trouve cette espèce dans les galeries de *Blastophagus piniperda et minor* ; lorsque ces *Xylophages* ont perforé l'écorce pour y former la galerie dans laquelle ils pondent leurs œufs, le *Rhizophagus* s'y introduit et pond aussi ses œufs à côté des précédents ; les larves de *Rhizophagus* font une guerre constante à celles de *Blastophagus* pour se nourrir. Il est arrivé à Perris de trouver sous l'écorce d'un même arbre des milliers de jeunes larves de ces deux genres, et peu à peu les rangs de celles du *Xylophage* s'éclaircissaient et un très petit nombre arrivaient à la dernière métamorphose.

Les larves carnivores de *Rhizophagus* sont donc très utiles ; quant aux insectes parfaits, on les trouve sous les écorces au milieu de débris de toutes sortes : Thuisy, Châlons-sur-Vesle, etc.

Les *Rhizophagus cribratus* Gylle, *ferrugineus* Payk, *perforatus* Er. ont les mêmes mœurs que l'espèce précédente et se trouvent également sous les écorces des Pins. (Catalogue Lajoie, page 94.)

IPS FERRUGINEA. Latr.

Longueur, 4 à 5^{mm}. Entièrement testacé ferrugineux, les yeux, le bord antérieur du front, l'extrémité des mandibules et la base des jambes de couleur plus foncée. Tête large, couverte de points arrondis assez gros, et un sillon transversal près du vertex. Prothorax presque carré, de la largeur de la tête, couvert de points peu serrés. Élytres avec une strie suturale dans les deux tiers postérieurs et couvertes de points peu serrés. La larve de 8 à 9mm de longueur a été décrite avec soin par Perris; elle vit aux dépens des *Hylurgus ligniperda* et *Hylastes ater*; l'insecte parfait se trouve dans leurs galeries et on le prend aussi au vol autour des tas de Pins; c'est dans ces dernières conditions que M. Pigeot en a pris quelques exemplaires à Rethel, mais je n'en ai pas encore vu aux environs de Reims où l'insecte doit être rare.

CÉRYLON HISTEROIDES. Fabr.

Longueur, 2mm. Noir ou brun, brillant et glabre; ressemble à un petit *Hister* pour la forme; le prothorax est fortement ponctué et a deux petites impressions à la base; les élytres sont finement striées.

La larve de 3mm a été aussi décrite par Perris, qui l'a trouvée dans les galeries de *Blastophagus piniperda* dont elle dévore les larves; l'insecte parfait serait aussi carnassier d'après ses observations.

Dans notre pays, on le trouve sous les écorces des Pins, des Chênes, et M. Lajoie le cite aussi sur le Peuplier; il est donc probable que le parasitisme de cet insecte s'exercera également aux dépens des larves d'autres insectes que les *Blastophagus* du Pin.

FAMILLE DES MALACODERMES

MALACHIUS BIPUSTULATUS. Linné. (Longueur, 7mm.)

et MALACHIUS MARGINELLUS. Fabr.

Longueur, 6mm 1/2. Ces deux jolis insectes se rencontrent assez souvent sur les Pins; le premier est vert avec l'extrémité jaune-rougeâtre et le corselet avec une petite tache rouge aux angles antérieurs; le deuxième est vert brillant avec l'extrémité des élytres jaune-rougeâtre ainsi que la bouche et le corselet, les deux côtés avec une bordure jaune-rougeâtre; les articles des antennes 3 à 7 sont dentés chez le ♂, et les élytres sont plissées et épineuses à l'extrémité.

Les *larves* des *Malachius marginellus* atteignent 7 à 8^{mm}; elles sont d'un blanc un peu rougeâtre, subdéprimées, linéaires, mais se dilatant un peu vers l'extrémité de l'abdomen où elles sont un peu plus convexes que sur le thorax; elles sont revêtues de poils fins et roussâtres.

Cette larve se trouve sous l'écorce des Pins dans les galeries de divers insectes dont elle attaque la progéniture; aux mois d'avril et mai, elle se transforme en nymphe qui est d'une couleur rose tendre, recouverte de poils assez longs; son abdomen est terminé par deux papilles longues et divergentes; quinze ou vingt jours après, l'insecte parfait éclôt et sort de sa retraite et se rencontre sur les fleurs de diverses plantes aussi bien que sur les Pins.

DASYTES PLUMBEUS. Oliv.

Longueur 3 à 4.^{mm} D'un bronzé plombé, corps très étroit; antennes très longues; jambes rousses avec les tarses bruns; élytres arrondies à l'extrémité, finement striées et velues; pattes et tarses noirs.

La larve du *Dasytes flavipes* a été décrite par Perris qui la trouvait dans les Landes sous l'écorce des jeunes Pins, dans les galeries du *Tomicus bidens* dont elle dévorait les larves, sauf, dit-il, à se nourrir des matières excrémentielles déposées dans ces galeries, lorsqu'elle ne trouve plus à satisfaire ses appétits carnassiers. C'est au milieu des détritus où elle a passé sa vie pendant près d'une année que s'opèrent ses métamorphoses; l'état de nymphe dure environ quinze jours, après quoi la transformation dernière s'opère et l'insecte parfait se trouve sur les fleurs et les arbres résineux ou autres, où il fait sans doute la chasse aux petits pucerons ou petits diptères. Il est commun dans nos environs.

Haplocnemus virens. Suffr.

Longueur, 4ᵐᵐ. D'un bronzé vert brillant ou bronzé obscur; corps assez large couvert de poils assez longs surtout sur le corselet qui est finement pointillé; élytres criblées de points assez gros surtout à la base; antennes noires ainsi que les cuisses, jambes et tarses ferrugineux.

Cette espèce a sans doute les mêmes mœurs que la précédente, mais elle est plus rare; je l'ai trouvée en petit nombre à Châlons-sur-Vesle, Sacy, Germaine. Perris ne la signale pas dans les Landes sur le Pin maritime.

FAMILLES DES TÉRÉDILES

Thanasimus formicarius. Linné.

Caractères. — Longueur, 9 à 10ᵐᵐ. Tête noire, prothorax, base des élytres et dessous du corps rouges; une bande étroite blanche se relevant près la suture au bord antérieur, et une autre large près de l'extrémité: élytres ponctuées, plus fortement à la base; pattes noires, quelquefois mais rarement les tibias rouges.

La *larve* atteint 18ᵐᵐ de longueur, son corps est charnu, subdéprimé, un peu atténué antérieurement et un peu renflé à la région abdominale: la tête velue, cornée, d'un brun foncé, est marquée au bord antérieur de fossettes arrondies et sur le front de fossettes oblongues; les mandibules sont fortes, cornées, noires; le dessous de la tête est revêtu d'une plaque cornée, avec 4 sillons longitudinaux. Palpes maxillaires de 3 articles, à 1ᵉʳ article plus long que les autres; 2ᵉ plus court que le 3ᵉ; palpes labiaux de 2 articles, le 1ᵉʳ plus court que le 2ᵉ. Antennes de 4 articles : le 1ᵉʳ en cône tronqué; le 2ᵉ aussi long que le précédent; 3e égalant à peine la moitié du 2e, cylindrique et surmonté de poils; 4o très grêle, de la longueur du 3e, terminé par un long poil et deux ou trois très courts, et enfin accompagné à la base d'un petit article supplémentaire, visible surtout de profil. Au dessous des antennes cinq ocelles disposés en séries de trois et deux.

Prothorax recouvert d'une plaque semi-discoïdale, d'un brun roussâtre, livide, marqué d'un petit sillon longitudinal; mésothorax et métathorax avec chacun deux petites plaques elliptiques; ces trois segments sont velus et de couleur rose.

Abdomen velu de couleur rose avec des taches irrégulières et transversales sur le dos, et en lignes longitudinales sur les côtés; au dessous, la teinte rosée est uniforme, les 8 premiers segments ayant latéralement trois bourrelets assez saillants; 9e segment arrondi, recouvert postérieurement d'une plaque cornée circulaire et marqué de deux fossettes contiguës; ce segment est terminé par deux crochets marron foncé, d'abord droits, puis brusquement recourbés en haut. Pattes de 4 articles, hérissées, surtout à l'extrémité des tibias, de longues soies roussâtres, terminées par un ongle subulé.

La 1re paire de stigmate est située près du bord antérieur du mésothorax, les autres au tiers antérieur des huit premiers segments abdominaux.

La *nymphe* est d'un rose tendre; la tête, le prothorax et l'abdomen sont parsemés de poils nombreux et fins; le dernier segment est terminé par deux papilles divergentes, coniques, peu allongées.

Mœurs. — Cet insecte est assez commun en Champagne, au printemps courant sur le tronc des Pins morts ou sur pied; je l'ai trouvé en assez grand nombre à l'automne sous l'écorce des platanes qui sont situés en face du grand bassin du canal; ces insectes, sortis sans aucun doute des bois de chauffage de nature résineuse qui se trouvaient dans les chantiers voisins, s'étaient réfugiés là, sans doute parce que le soleil d'automne darde ses rayons sur ces platanes une grande partie de la journée.

C'est un des insectes les plus utiles, car sa larve se nourrit de celles de *Tomicus stenographus*, d'*Œdilis*, etc., et l'insecte parfait est lui-même carnassier et se nourrit d'insectes nuisibles au Pin.

THANASIMUS 4-MACULATUS. Fabr.

Longueur 5^{mm}. Cette belle petite espèce à tête rouge, à corselet rouge marqué d'un sillon transversal en chevron et à élytres noires avec chacune deux taches blanches est fort rare dans nos environs.

Elle a les mêmes mœurs que la précédente et leurs larves se ressemblent beaucoup aussi; mais on a constaté qu'elle faisait aussi la chasse aux chenilles de divers Tinéites.

FAMILLE DES TÉNÉBRIONIDES

HYPOPHLOEUS LINEARIS. Fabr.

Caractères. — Longueur 2^{mm} 1/2. — Couleur testacé-ferrugineux sauf le prothorax qui est noir; dessous du corps et pygidium noirs; bouche et antennes ferrugineuses; tête convexe, finement pointillée, marquée sur le front d'une impression peu visible. Prothorax finement rebordé tout autour, couvert d'une ponctuation fine et serrée. Elytres ayant des stries formées de points très fins.

Larve atteignant 4^{mm}, très convexe, d'un blanc livide en dessous, plus roussâtre en dessus, ornée de bandes brunes transversales; le 1er et les 11e et 12e segments à peu près complètement bruns. Tête roussâtre, mandibules ferrugineuses et bidentées à l'extrémité, avec une dent interne au tiers supérieur. Palpes maxillaires de trois articles à peu près égaux; palpes labiaux courts, de deux articles; antennes de quatre articles, le 1er court et gros, les suivants plus longs; quatre ocelles à peu près contigus, disposés en arc. Stigmates au nombre de 9 paires; la première située près du bord intérieur du mésothorax, les autres placées au tiers antérieur des huit premiers segments abdominaux.

Mœurs. — La larve de cette espèce fait la chasse aux larves de *Tomicus bidens* dont elle fait un grand carnage dans les Landes, d'après Perris. En Champagne, au moins dans les environs de Reims, *Tomicus bidens* ne paraît pas très commun et son parasite paraît rare ; je n'en ai trouvé qu'un seul exemplaire sur un Pin du mont Bernon, mais je n'ai chassé qu'un instant en cet endroit et il est possible que des recherches plus multipliées fassent découvrir le Xylophage et son parasite en plus grande quantité.

Perris signale dans les Landes l'*Hypophlœus pini* Panz. comme parasite de *Tomicus Stenographus* ; je ne sais si cette espèce a été trouvée en Champagne, mais elle pourrait bien s'y rencontrer puisque le *Stenographus* n'est pas rare sur nos Pins.

FAMILLE DES COCCINELLIDES

Tout le monde connaît ces insectes que l'on désigne vulgairement sous le nom de *Bêtes du bon Dieu* ; leur corps hémisphérique de couleur rouge ou jaune est orné de taches ou points noirs dont le nombre varie selon les espèces. Ces insectes sont très utiles à l'agriculture et à l'horticulture, car leur larves très carnassières, dévorent une très grande quantité de pucerons qui pullulent sur les plantes et les arbres divers et dont les arbres verts sont loin d'être exemptés, au contraire. Mais on rencontre sur les Pins presque toutes les espèces de *Coccinella*, et quelquefois en nombre : c'est que les insectes parfaits sont problement aphidiphages et se nourrissent soit des pucerons des différentes plantes, soit seulement de leur liqueur miellée si recherchée par les fourmis. Nous ne donnerons donc qu'une description des espèces dont les larves et les insectes parfaits sont spéciaux aux Pins.

Les larves de Coccinelles sont généralement de forme ovale très allongée, elles sont molles et très agiles, leurs pattes très longues et grêles sont formées de cinq pièces : 1° la hanche ; 2° le trochanter ; 3° la cuisse ; 4° le tibia qui est très long et hérissé de soies raides; 5° l'ongle qui est fort, acéré, très crochu.

La dimension des larves varie selon les espèces; pour les *Scymnus* elle est d'environ 3 à 4^{mm}, tandis qu'elle atteint 12 à 13^{mm} pour l'*Anatis occellata;* leur couleur est aussi très variable, les unes sont blanches avec des points noirs ou brun orangé, d'autres sont noires avec quelques parties blanches.

La lèvre inférieure est surmontée de deux palpes courts de deux articles; les palpes maxillaires sont formées de trois articles allongés, surtout le dernier; les antennes sont courts, de trois articles presque toujours coniques; près de la base des antennes existe d'ordinaire trois ocelles. Le prothorax est assez long, les mésothorax et métathorax sont plus larges que le prothorax; un peu moins longs; au bord externe il existe à chaque segment de petites spinules surmontées d'un petit poil. L'abdomen a neuf segments garnis de chaque côté d'une touffe de poils; le neuvième segment déborde par un mammelon membraneux, au centre duquel est l'anus.

Les nymphes sont fixées par le dernier segment de la larve sur les feuilles, les branches et même le tronc de l'arbre et sont suspendues la tête en bas; lorsque arrive le moment de sortir de son enveloppe, l'insecte fend la peau du dos et sort à la lumière, et de blanc qu'il était, il se colore successivement.

ADALIA OBLITERATA Linné.

Longueur 4^{mm}. Corps un peu aplati, d'un jaune grisâtre pâle avec 4 taches noirâtres sur le prothorax, taches qui se touchent quelquefois en s'élargissant et prennent la forme d'un M; quelquefois il existe une ligne longitudinale noire sur chaque élytre et même ces lignes noires ou brunes foncées s'élargissent, de même que les taches du prothorax, et l'insecte devient uniformément d'un brun noir ou même d'un noir complet, mais ces variétés sont rares. Trouvé sur les Pins à Germaine, Châlons-sur-Vesle.

COCCINELLA HIEROGLYPHICA. Linné.

Longueur 4^{mm}. Corps bombé, élytres rougeâtres avec l'écusson et le prothorax noir; les élytres ont le plus souvent des taches noires qui se réunissent en formant des bandes de chaque côté, puis une bande plus ou moins prolongée sur la suture; quelquefois ces taches sont réunies de façon qu'il ne reste plus qu'une sorte de croix rougeâtre, et enfin il y a des individus qui sont complètement noirs. Trouvée à Thuisy, assez rare.

HARMONIA QUADRIPUNCTATA. Pontop.

Longueur 5 à 6^{mm}. Corps assez large et peu convexe, couleur jaune blanchâtre, prothorax ordinairement complètement blanchâtre avec cinq taches assez fortes sur le disque et disposées de manière à former un M si elles étaient réunies; ces cinq taches sont souvent accompagnées de trois plus petites de chaque côté; yeux noirs avec deux lignes formées de six points sur la tête. Les élytres sont le plus souvent d'une teinte uniforme avec une ou deux taches sur le bord latéral, mais il y a des variétés qui présentent jusqu'à huit taches sur chaque élytre. Je possède un exemplaire trouvé à Reims sur le bord du canal avec les élytres jaunes claires et le prothorax ainsi que la tête complètement noirs, et un autre exemplaire trouvé à Rilly dont l'élytre gauche est jaune, tandis que l'élytre droite est noire ainsi que la tête et le prothorax. Cette espèce est assez commune sur les Pins de nos environs.

ANATIS OCELLATA. Linné.

Longueur 8 à 9^{mm}. Tête noire avec deux taches blanches entre les yeux; prothorax noir avec deux taches blanches en avant de l'écusson, partie antérieure bordée de blanc, côtés avec une large bande blanche avec un point noir qui se rattache au liséré noir du bord externe. Ecusson noir; élytres rougeâtres avec un fin liséré noir dans leur pourtour, ornées de 18 à 20 taches noires entourées d'un limbe blanc qui pâlit après la mort. Dessous du corps noir avec l'épisterne blanc, pattes noires avec le bas des tibias et les tarses jaunes brun. Cette espèce, lorsqu'elle vient d'éclore, est d'une magnifique coloration; elle n'est pas rare sur nos Pins et je l'ai trouvée abondamment à Châlons-sur-Vesle en 1896; les larves que j'ai rapportées à Reims se sont facilement transformées chez moi; elles sont noires avec des taches blanches sur les segments thoraciques, mais je regrette de n'en avoir pas fait une description détaillée à ce moment, car étant desséchées elles sont devenues tout à fait noires et sont très différentes de formes; les nymphes sont jaunes blanchâtres avec des taches noires sur le prothorax, sur chaque segment de l'abdomen quatre taches noires formant quatre bandes longitudinales sur l'ensemble de ces segments.

Mysia oblongo-guttata. Linné.

Longueur 7 à 8^{mm}. D'un jaune roux avec les yeux noirs; prothorax avec une large tache blanche latérale; élytres ornées chacune de cinq taches blanches dont la première près de l'écusson est petite et suivie de deux taches jumelles, ces dernières sont suivies d'une tache allongée qui se prolonge jusqu'à un quart de l'élytre; la cinquième tache forme une bande étroite et allongée qui part du calus huméral et parcourt l'élytre parallèlement au bord et s'arrête en se dirigeant vers l'angle postérieur; cette bande est quelquefois interrompue vers le tiers antérieur. Dessous et pattes d'un jaune roux à l'exception des épistermes qui sont blancs. Quelquefois la partie discoïdale du prothorax située entre les taches blanches, devient d'un brun foncé et quelquefois aussi les taches blanches disparaissent aussi et laissent le prothorax complètement brun foncé. Ces variétés sont assez rares.

Scymmus suturalis. Thunberg.

Longueur 1^{mm} 1/2. D'un noir terne, faiblement convexe, élytres rougeâtres, avec la base et une partie des bords de la suture noires; élytres assez fortement ponctuées.

Cette espèce est très commune sur tous les arbres verts de nos environs, et surtout sur les Pins.

Scymmus nigrinus Kugelm.

Longueur 2^{mm} 1/2. D'un noir uniforme à reflets quelquefois bleuâtres, assez brièvement ovale mais très légèrement arrondi sur les côtés, antennes et tarses roussâtres, élytres densément ponctuées.

Scymmus abietis. Payk.

Longueur 2^{mm} 1/2. D'un jaune ou roux brun uniforme; ovale à côtés presque parallèles, fortement convexe. Diffère de l'espèce précédente par sa couleur et par ses ongles grêles à dents courtes, tandis que *nigrinus* a les ongles robustes, à dents presqu'aussi longues que l'ongle. Nous ne possédons pas encore cette espèce qui se retrouvera sans doute dans nos environs et qui est indiquée du nord et du centre de l'Europe, commune sur les Sapins.

Ainsi nos recherches dans les plantations de Pins de la région nous ont permis de récolter plus de 75 espèces de Coléoptères dont une cinquantaine au moins peuvent être considérées comme nuisibles. Il ne faudrait pas juger de l'importance des dégâts par le chiffre des espèces signalées et nos longues listes d'insectes ne renferment qu'un petit nombre de parasites véritablement dangereux. Nous signalerons particulièrement *Hylobius Abietis* et les différentes espèces de *Magdalinus* parmi les Curculionides; il faut y joindre la plupart des Xylophages, notamment *Blastophagus Piniperda* (vulgairement Hylurgue) dont les ravages avaient déjà été signalés par Dagonet aux environs de Châlons-sur-Marne en 1839, et toutes les espèces du genre *Tomicus*.

Perris affirme que ces Xylophages ne s'attaquent qu'aux arbres déjà souffrants et nous avons pu constater nous-même que ces insectes étaient surtout nombreux sous les écorces des Pins attaqués par *Peridermium Pini*. Il semble cependant que leur présence amène la destruction d'arbres peu vigoureux et qui sans eux auraient survécu.

Les Longicornes par contre s'attaquent de préférence aux vieilles souches ou aux arbres déjà morts; c'est sur le bois abattu ou déjà employé que s'exerce surtout leur action.

Enfin les petites espèces de Phytophages ne se montrent jamais en assez grand nombre pour être véritablement inquiétantes.

En comparant les dégâts causés par les Coléoptères à ceux que nous avons signalés à propos des Lépidoptères, il est facile de reconnaître que ces derniers sont de beaucoup plus redoutables. L'Hylurgue (*Blastophagus Piniperda*), qui détruit les bourgeons à la façon des *Retinia*, n'a jamais pris l'extension acquise par ceux-ci en Champagne et l'action exercée par les Xylophages est infiniment plus lente que celles des chenilles phytophages des Lépidoptères, car les Conifères résistent bien plus difficilement à la perte de leurs feuilles que les arbres à feuilles caduques chez lesquels le remplacement des organes verts se fait beaucoup plus vite.

Et si nous voulions établir un classement des ennemis des Pins d'après les dégâts observés dans ces dernières années, nous placerions au premier rang le *Peridermium Pini* et le Bombyx du Pin; viendraient ensuite les *Retinia* et en troisième ligne l'Hylurgue et les divers Xylophages.

ADDITIONS ET RECTIFICATIONS

A propos d'un *Isaria* parasite des chenilles de *Fidonia Piniaria* (1), M. Giard a bien voulu nous communiquer la note suivante :

Cette Isariée a été décrite par Lebert en 1858 sous le nom de *Verticilium corymbosum* (Ueber einige neuen oder unvollkommen gekannten Krankheiten der Insectern ....(Zeitschrift f. wiss. Zool. T. IX, p. 144).

Elle a été revue par Lohde qui l'a confondue avec *Botrytis bassiana*, Balz, du ver à soie (Inseckterpidermien welche durch Pilze Lervorgerufen werden. Berliner Entom. Zeitschrift, 1872, p. 38).

Votre expérience très simple mais très concluante prouve qu'il s'agit d'une espèce distincte qu'il faut appeler *Isaria corymbosa*, Lebert, jusqu'à ce qu'on connaisse la forme ascosporée.

En effet, *Lasiocampa Pini* s'il résiste à cette espèce n'est pas indemne des atteintes des Isariées. Bail et de Bary ont trouvé des chenilles infestées par *Isaria farinosa*, Fries, et de Bary a réussi à communiquer au Bombyx du Pin le *Botrytis bassiana*, Balz (mon *Chromisaria bassiana*, Balz). Voir Botanische Zeitung, 1869, n° 36, p. 712.

---

(1) Page 45.

Il est possible d'ailleurs que *par piqûre* c'est-à-dire par inoculation brutale vous réussissiez à faire passer *Isaria corymbosa* sur *Lasiocampa Pini*. Cela n'a rien que de très vraisemblable puisqu'on peut cultiver ces Isariées très facilement sur gélatine ou sur gélose légèrement acidifiée et sucrée. Mais entre ces cultures forcées et la propagation naturelle avec perforation du tégument par le champignon lui-même, il y a tout un monde.

Retinia buoliana, p. 48. — M. Menier (1) a pu constater aux environs de Nantes les dégâts causés par cette espèce sur les plantations de Pins d'Autriche qui existent seules dans la région. L'immunité relative dont paraît jouir le Pin d'Autriche en Champagne résulte donc uniquement de la présence de plantations de Pins sylvestres.

Grapholita tedella (p. 56) est une synonymie de *Coccyx comitana*, nous avons retrouvé cette espèce dans les Pins à Bazancourt lors de l'excursion du 23 mai 1897.

MICROLÉPIDOPTÈRES (Complément)

FAMILLE DES TORTRICINA

Sciaphila Walhbomiana, Linné. — Cette espèce était extrêmement abondante sur plusieurs Pins à Bazancourt (excursion de la Société de Reims du 23 mai 1897). D'après le cat. de M. Sand, les chenilles vivent sur des plantes herbacées.

Retinia Duplana, Hubn. — Trouvé quelques exem-

---

(1) Bulletin de la Société des sciences naturelles de l'Ouest de la France. 1897.

plaires avec la précédente à Bazancourt; la chenille est indiquée comme vivant dans les cônes des Pins.

Dichrorampha plumbana, Syst. V. — Sur les Pins, à Bazancourt (23 mai 1897). D'après M. Sand, la chenille vit dans les gousses de l'Ulex europeus.

Dichrorampha petiverella, Linné. — Deux exemplaires accouplés à Montfournois le 3 août 1897 en battant des Pins noirs; D'après M. Sand, la chenille vit sur *Achillea millefolium.*

FAMILLE DES TINEIA

Cerostoma parenthesella, Linné. — Deux exemplaires trouvés à Germaine en battant un Épicea; d'après M. Sand, la chenille vit sur le Hêtre et le Chêne.

Argyresthia abdominalis, Zeller. A Trépail, à Germaine et à Sacy, sur les Génévriers; abondante dans cette dernière localité.

Ocnerostoma piniarella, Zeller. — Un exemplaire en battant les Pins qui bordent le canal, le 18 mars, et un autre sur les Pins à Châlons-sur-Vesle, le 28 septembre 1897. D'après M. Jourdheuille, la chenille de cette espèce vit des aiguilles des Pins qu'elle ronge des deux côtés.

ERRATA

Page 61, ligne 1. Haplœnemus, *lire* Haplocnemus.
Page 61, ligne 37. Limonius paronlus. Pasz, *lire* Panz.
Page 65, ligne 11. Polydrosus undratus, *lire* undatus.
Page 71, ligne 7. Diodycorrhynchus, *lire* diodyrhynchus
Page 71, ligne 19. Diodyrhynchum, *lire* diodyrhynchus.

Reims. — Imp. Indép. Rémois. — J. Justinart

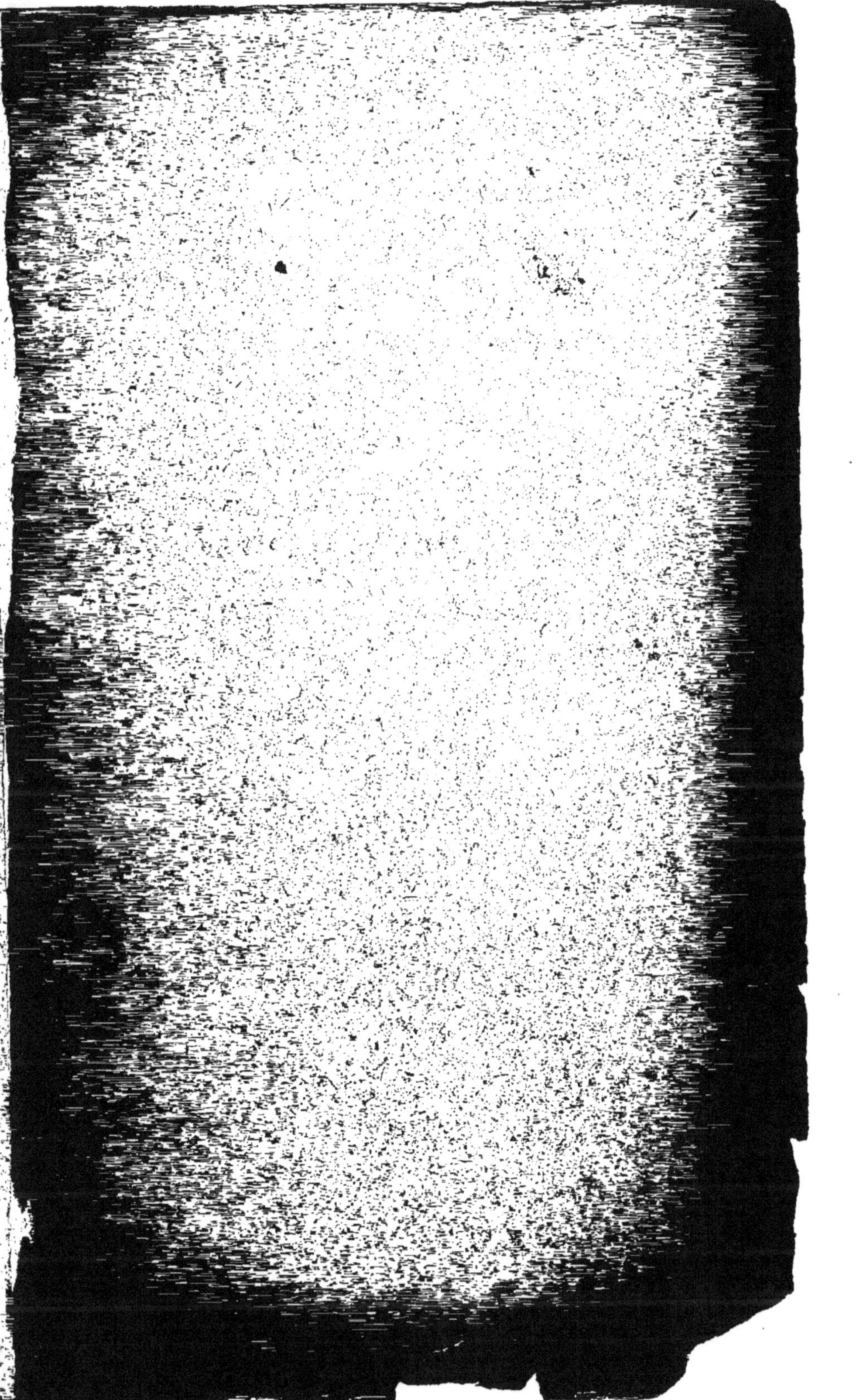

www.ingramcontent.com/pod-product-compliance
Lightning Source LLC
Chambersburg PA
CBHW061741050726
47598CB00002B/560